国外计算机科学教材系列

# 标准 CMMI 过程改进评估方法（SCAMPI）精粹

## CMMI SCAMPI Distilled, Appraisals for Process Improvement

Dennis M. Ahern, Jim Armstrong

［美］ Aaron Clouse, Jack R. Ferguson 著

Will Hayes, Kenneth E. Nidiffer

刘燕权 刘 曙 刘鑫铨 等译

电子工业出版社

**Publishing House of Electronics Industry**

北京·BEIJING

## 内 容 简 介

SCAMPI 是基于标准 CMMI 评估方法的过程改进,它可以通过量化的方式找出公司软件开发过程中的优势与不足,准确评估其软件开发能力,从而确定软件开发成熟级别。本书由来自 CMMI 小组并实际参与 CMMI 标准制定的 6 位美国资深专家共同撰写,深入浅出地阐述了 SCAMPI 这一标准的评估方法。书中首先对当前的 CMMI 产品组件做了简介,然后系统地介绍了 SCAMPI 过程,通过将 SCAMPI 作为内部过程改进工具和作为外部实体评价工具这两种用法进行对比,介绍了 SCAMPI 在这两种应用上的差异。最后,本书讨论了各种情况和各种制约下,评价和过程改进流程所受到的影响,以及如何使之满足更多的产品质量和标准要求。

本书可作为计算机/软件学院教师与学生学习 CMMI 的必备教材或参考书,也可供初学者、软件工程师和质量工程师、高级管理人员、过程改进主管、过程改进评估人员、相关采购人员等学习使用。

Authorized translation from the English language edition, entitled CMMI SCAMPI Distilled, Appraisals for Process Improvement, ISBN 0321228766 by Dennis M. Ahern, Jim Armstrong, Aaron Clouse, Jack R. Ferguson, Will Hayes, Kenneth E. Nidiffer, published by Pearson Education, Inc., publishing as Addison-Wesley, Copy © 2005.

CHINESE SIMPLIFIED language edition published by PEARSON EDUCATION ASIA LTD., and PUBLISHING HOUSE OF ELECTRONICS INDUSTRY Copyright © 2008.

版权贸易合同登记号　图字:01-2007-3242

**图书在版编目(CIP)数据**

标准 CMMI 过程改进评估方法(SCAMPI)精粹 /(美)阿赫(Ahern,D. M.),
(美)阿姆斯强(Armstrong,J.),(美)克劳斯(Clouse,A.)等著;刘燕权等译. 北京:电子工业出版社,2008.4
(国外计算机科学教材系列)
书名原文:CMMI SCAMPI Distilled, Appraisals for Process Improvement
ISBN 978 - 7 - 121 - 06161 - 5

I. 标… II. ①阿…②阿…③克…④刘… III. 软件工程—教材 IV. TP311.5

中国版本图书馆 CIP 数据核字(2008)第 029536 号

责任编辑:谭海平
印　　刷:北京市顺义兴华印刷厂
装　　订:三河市双峰印刷装订有限公司
出版发行:电子工业出版社
　　　　　北京市海淀区万寿路 173 信箱　邮编　100036
开　　本:787×980　1/16　印张:11.25　字数:212 千字
印　　次:2008 年 4 月第 1 次印刷
定　　价:28.00 元

凡所购买电子工业出版社图书有缺损问题,请向购买书店调换。若书店售缺,请与本社发行部联系,联系及邮购电话:(010)88254888。

质量投诉请发邮件至 zlts@phei.com.cn,盗版侵权举报请发邮件至 dbqq@phei.com.cn。

服务热线:(010)88258888。

# 出 版 说 明

　　21世纪初的5至10年是我国国民经济和社会发展的重要时期，也是信息产业快速发展的关键时期。在我国加入WTO后的今天，培养一支适应国际化竞争的一流IT人才队伍是我国高等教育的重要任务之一。信息科学和技术方面人才的优劣与多寡，是我国面对国际竞争时成败的关键因素。

　　当前，正值我国高等教育特别是信息科学领域的教育调整、变革的重大时期，为使我国教育体制与国际化接轨，有条件的高等院校正在为某些信息学科和技术课程使用国外优秀教材和优秀原版教材，以使我国在计算机教学上尽快赶上国际先进水平。

　　电子工业出版社秉承多年来引进国外优秀图书的经验，翻译出版了"国外计算机科学教材系列"丛书，这套教材覆盖学科范围广、领域宽、层次多，既有本科专业课程教材，也有研究生课程教材，以适应不同院系、不同专业、不同层次的师生对教材的需求，广大师生可自由选择和自由组合使用。这些教材涉及的学科方向包括网络与通信、操作系统、计算机组织与结构、算法与数据结构、数据库与信息处理、编程语言、图形图像与多媒体、软件工程等。同时，我们也适当引进了一些优秀英文原版教材，本着翻译版本和英文原版并重的原则，对重点图书既提供英文原版又提供相应的翻译版本。

　　在图书选题上，我们大都选择国外著名出版公司出版的高校教材，如Pearson Education培生教育出版集团、麦格劳－希尔教育出版集团、麻省理工学院出版社、剑桥大学出版社等。撰写教材的许多作者都是蜚声世界的教授、学者，如道格拉斯·科默（Douglas E. Comer）、威廉·斯托林斯（William Stallings）、哈维·戴特尔（Harvey M. Deitel）、尤利斯·布莱克（Uyless Black）等。

　　为确保教材的选题质量和翻译质量，我们约请了清华大学、北京大学、北京航空航天大学、复旦大学、上海交通大学、南京大学、浙江大学、哈尔滨工业大学、华中科技大学、西安交通大学、国防科学技术大学、解放军理工大学等著名高校的教授和骨干教师参与了本系列教材的选题、翻译和审校工作。他们中既有讲授同类教材的骨干教师、博士，也有积累了几十年教学经验的老教授和博士生导师。

　　在该系列教材的选题、翻译和编辑加工过程中，为提高教材质量，我们做了大量细致的工作，包括对所选教材进行全面论证；选择编辑时力求达到专业对口；对排版、印制质量进行严格把关。对于英文教材中出现的错误，我们通过与作者联络和网上下载勘误表等方式，逐一进行了修订。

　　此外，我们还将与国外著名出版公司合作，提供一些教材的教学支持资料，希望能为授课老师提供帮助。今后，我们将继续加强与各高校教师的密切联系，为广大师生引进更多的国外优秀教材和参考书，为我国计算机科学教学体系与国际教学体系的接轨做出努力。

电子工业出版社

# 教材出版委员会

# 译　者　序

　　本书的翻译得以顺利完成，首先要感谢电子工业出版社的大力倡导和支持，是他们敏捷、超前的思路才使得读者能够有机会读到这样出色的一本书。本书由美国南康州大学教授刘燕权博士利用在哈尔滨工业大学软件学院作为特聘外教持教 CMMI 一课的机会主持翻译。哈尔滨工业大学软件学院 06MSE 的同学参与了本书各章节的初译，哈尔滨工业大学软件学院刘曙老师和研究生刘鑫铨在翻译最后的统稿中做了大量工作，为本书的完成做出了贡献。虽然翻译工作并非易事，但我们的团队合作非常愉快。这里要感谢原书的作者们，是他们使我们有机会系统地将 SCAMPI 的理论和实践揭示给中国的读者。

　　下面是参与本书各章节初译的同学名单（按姓氏笔划排序）：丁新杰、万志荣、严海、于冰、何明奇、冉琦、冯建元、冷苏、刘军、刘墨铦、刘大威、刘寒冰、刘志伟、刘洋、刘祺、刘继峰、刘鑫铨、刘青、初殷、史振强、吕伟东、吴刚、吴双、周文平、呼大永、唐海涛、夏元峰、姜德迅、姜楠、孟令川、宋航、屈青一、崔文明、崔艳红、庄廷、张奎、张建明、张强、张文杰、张永伦、张睿、张绍鹏、张诚、张雷、张颖、房轶臣、施朝阳、朱宇、朱韧、李德新、李志鹏、李秋野、李美、李雨生、李鸿鹏、李鹏、杜娟、杨一、杨柱天、杨琳、杨真林、林丹、段莹、汪新凯、洪晓光、潘聪、王伟、王欣、王永梅、王洋、王磊、王超、田野、由旭峰、程新宇、穆雷生、肖云飞、苏贝特、董玉伟、袁萍、褚福田、许嘉宝、许平、许晓刚、谢坤、赵丹、赵坚密、赵琦、赵靖华、车成文、逄龙、逯野、邓雪松、郇何鑫、金代亮、门子瑞、陈佳倩、陈康康、陈征宇、陈敏捷、陈超、霍合章、韩京勋、韩洋、马宁、马焕君、马诺、骆李仁、高一鹏、高扬、高晨光、黄斌、黄水丽。

　　由于时间仓促，书中若有疏漏之处，希望读者在阅读过程中发现问题并及时联系我们，或发电子邮件至 liuscsu@gmail.com。

刘燕权
2008 年 2 月

# 导　　言

随着软件开发规模的日益扩大,有效地管理复杂的软件开发过程便成为众多软件公司关注的焦点。很多公司为改进其软件开发过程,投入很大,但成效甚微。实际上,对于软件公司而言,他们缺乏的是一套系统的软件过程改进方案和一套量化的评估标准。

SCAMPI 是 The Standard CMMI Appraisal Method for Process Improvement 的缩写,即基于标准 CMMI 评估方法的过程改进。SCAMPI 是一个可以通过量化的方式找出公司现行软件开发过程中的优势与不足,根据其依托的 CMMI 模型得到的一套行之有效的改进方案;同时 SCAMPI 可以准确地评估供应商的软件开发能力,从而确定其供应商的软件开发成熟级别。但是,由于 CMMI 与 SCAMPI 涵盖了很多的内容,整个 CMMI 和 SCAMPI 的模型极为庞大,如果缺乏对整套模型的理解,盲目使用,会欲速则不达。

本书由来自 CMMI 小组并实际参与 CMMI 标准制定的 6 位美国资深专家共同撰写,深入浅出地阐述了 SCAMPI 这一标准的评估方法。书中首先对当前的 CMMI 产品组件做了简介,然后系统地介绍了 SCAMPI 过程,通过将 SCAMPI 作为内部过程改进工具和作为外部实体评价工具这两种用法进行对比,介绍了 SCAMPI 在这两种应用上的差异。最后,本书讨论了各种情况和各种制约下,评价和过程改进流程所受到的影响,以及如何使之满足更多的产品质量和标准要求。本书可以帮助读者更好地了解什么是以 CMMI 为基石的 SCAMPI,并且通过众多的最佳实践使读者知道如何确定过程改进的时机,衡量进步,建立标准,从而降低成本,提高企业的软件开发及竞争能力。

本书面向的读者可以是基于模型过程改进的初学者、有经验的软件工程师和质量工程师、想要通过 SCAMPI 评估公司软件能力改进的高级管理人员、提高软件开发能力的过程改进主管和经理级人员、团队领袖、质量专员或质量保证工程师、负责从事公司过程改进评估工作的人员、利用 SCAMPI 进行供应商选择和跟踪的软件采购人员等。本书同时也是计算机/软件学院教师与学生学习 CMMI 的一本必备的教材或参考书。

# 前　　言

集成能力成熟度模型(CMMI)是一种新的方法,它可以实现对于工程开发集成性的基于模型的过程改进[①]。本书描述了作为 CMMI 产品系列中一部分的一种评估方法,这种方法称为过程改进的标准 CMMI 评估办法,或 SCAMPI。使用 SCAMPI 对企业进行一次评估是一个很重大的过程,它需要大量的投资。本书将帮助读者更好地了解是什么 SCAMPI,并且了解如何使过程改进的投资物有所值。

选择一个模型(如 CMMI)去改进公司的过程和产品质量的一个主要原因是,模型包含了很多已建立好的"最佳实践",这些实践可以包含对过程改进计划的长期且持续的跟踪。除这些最佳实践之外,模型提供一个允许我们可以以详细增量的方式改进的框架,这样一来产生计划中结果的能力就会增加。我们不但可以用 SCAMPI 评估来识别过程改进的机会,还可以衡量进步和建立一个标准,用来表明企业的改进能力。这些结果可以用来绘制改进的图表,也可以用来在企业的各个不同的部门之间或不同公司之间做出比较[②]。

## 本书目的

本书有四个目的。首先,我们希望探索和弄清基于模型的过程改进和它与目前其他改进企业过程能力的那些方法的比较和关联。当你在过程改进中投入资源时,那么在 CM-MI 和控制 SCAMPI 评估中需要多少投入呢? 第二,我们将呈现新 SCAMPI 方法中的显著部分。这种信息对于企业受益于 SCAMPI 评估是很必要的。第三,我们将比较和对照把 SCAMPI 作为进程改进工具的内部应用和把 SCAMPI 作为评估潜在供应商工具的外部应用。最后,我们将探讨在不同企业中使用 SCAMPI 评估的战略决策。

---

[①] 在 CMMI 模型中有两本书很有用,可以帮助我们更好地理解什么是 CMMI。*CMMI Distilled*, *Second Edition* (Ahern, D., Clouse, A., and Turner, R., Boston: Addison-Wesley, 2004)简要描述了模型和 CMMI 产品系列的其他部分,同时也为使用这些材料提供了很实用的指导。*CMMI*: *Guidelines for Process Integration and Product Improvement* (Chrissis, M. B., Konrad, M., and Shrum, S., Boston: Addison-Wesley, 2003)介绍了 CMMI 模型,对它的用途做了详细研究,用集合了所有模型变量的单一陈述解释了整个 CMMI 模型(该模型贯穿于该书的始终)。

[②] 由于不同企业的价值衡量或者对客观性的认识,可能会有很多种选择。在本书中我们探寻了在这一主题上使用各种选择的原因。很明显,当一个需求获取者使用一个过程能力标准作为基准来选择供应商或衡量供应商的兴衰成败时,会使得这一 SCAMPI 评估相对客观的过程很有意思。

## 读者对象

本书的主要读者是那些工程开发组织的成员,这些成员在公司改进内部过程改善或者评价公司供应商的过程能力中起着一定的作用①。无论是你选择这个角色还是别人为你选择它(有时这种事也会偶尔发生),你都可以使用本书来理解 CMMI SCAMPI 评估,并据此做出相关决定。我们的对象包括经理主管人员、中层管理者、团队领导、需求领域的专家、质量管理专家、营销人员、过程改进倡导者,以及那些经常被忽略而日夜操劳的过程改进实践者。

发起 SCAMPI 评估的高级管理人员将找到在为执行和评估执行过程中面对的关键决策的指导,也可以获得他们期望的益处。中级管理者、团队领袖和项目或工程管理者将在指导评价过程中获得与他们角色相关的信息。他们的主要作用是在企业遵循的过程中对评估小组提供信息。那些负责采购的人员将会学到在供应商选择和跟踪过程中,用 SCAMPI 评估结果的价值和限制,当然,质量专家在过程改进或者任何工作的评估有一个很重要的作用,并且他们将会再一次学到为什么他们的作用如此重要。我们刚才说过市场人员吗? 的确! 因为采购者可能想知道他们潜在供应商的 CMMI 级别,这些人也会试图理解这种级别意味着什么,以及它对于一个已建立且具有相当能力流程的企业意味着什么。

过程改进的拥护者需要建立和维持正在进行的改进活动,并且当评估时机成熟时,他们将会得到来自各方面的问题:

- 你说这将会继续花费多少钱?
- 你需要我们提供什么证据?
- 这个东西真能继续帮助我们?
- 为什么我们需要改变这种为我们一直工作到现在的过程?
- ⋯⋯⋯⋯

大多数我们将在本书中展示的内容将会帮助过程改进拥护者处理他们被人所质问的问题和被提问题时所处的有压力的环境(通常他们都会自行找到一个解决此类问题的人)。过程改进人员在 SCAMPI 评估中可能有着多种角色,包括收集那些评估小组工作时和被访问时需要用到的物理证据。我们将提供充分的信息来很好地完成这些功能。

---

① 许多过程改进企业中应用的过程改进的原则与技术,通常也可以广泛地应用于其他的企业中。CMMI 是为了工程开发而发起并建立的,但在一些更广阔的地方也能有效地应用。

谈到评估队伍，SCAMPI 的领导评估者和评估小组成员都是重要的部分。他们有对 CMMI 模型的组织执行程度和确保评估方法被正确执行的任务。作为团队的一员，他们可能是或者不是被评估组织的一部分。一个组织可能想从外部组织得到一个 SEI 首席评估人员，以提高他们对结果可靠与客观的理解。大公司的分公司可能希望从其他地点、分公司或者部门带来很多团队成员，以便引入多重视角。无论怎样的构成，评估小组在组织的过程改进过程中都会起到关键作用。本书的信息可以为培训评估小组提供有用的补充。

一般情况下，我们假设读者可能会因为曾被告知将为成为 SCAMPI 的评估人员而被评估小组面试而去读这本书，你不能确定它是什么或者怎么准备。别惊慌，来读这本书吧。

## 本书组织结构

本书由三部分组成。

第一部分"为什么现在需要 SCAMPI"对现在的 CMMI 产品组件做了简介，包括工程、模型、评估方法、培训等，并且在过程改进模型的框架中回顾了过程评估策略、相关的技巧、质量要求、国际标准，以及其他会影响组织中改进过程的因素，研究了当在组织中采用整体模型评估时是否一定要求集成过程的问题。

第二部分"SCAMPI 评估"详细地描述了 SCAMPI 的评估方法。首先，简要描述 SCAMPI 的一些新特性，这是面向那些已经有较高评估技术的读者的。然后对组织中应用的 SCAMPI 的基本特征、使用模式（过程改进、供应商选择、过程追踪）、评估小组设定的目标源、CMMI 模型的指示器做了概述。评估工作可以分为三部分：

● 与发起人一道完成的准备工作，包括目标、计划、设定范围、小组培训和数据收集。
● 现场工作，包括浏览数据、访谈并产生初步的观察结果和分级。
● 产品、最终的评估结果报告和一些并发的后续工作。

SCAMPI 方法系列包含 SCAMPI A，也就是（最严格）"A 类"，不太严格和比较节省的 SCAMPI B，以及既有内在价值又可以作为 SCAMPI A 评估基础的 SCAMPI C。

第二部分对 SCAMPI 作为内部过程改进工具和作为外部实体（如客户）评估工具做了对比。SCAMPI 作为一种综合方法支持两种应用，我们主要考虑根据使用模式的不同，两种方法有什么应用上的差异。

对 SCAMPI 做了较为全面的介绍后，第三部分"使用 SCAMPI"讨论各种情况对评估和过程改进的影响，这种评估对于所谓的高成熟度组织和刚使用过程改进的组织分别有什么好处，又对多学科（例如软件和系统工程）的交叉有哪些影响，组织如何既能开展成功的

SCAMPI 评估并与 CMMI 模型相符,同时又满足其他的质量和标准要求,并对客户需求做出反应。

本书还包括两个附录,第一个是 SCAMPI 和 CMMI 中使用的专业词汇,第二个是组织中可以用来保持与 CMMI 模型一致的示例。

CMMI 是一个不断变化的事物,同时由于时间限制,本书随着时间变化需要做出调整。我们努力在本书中提供及时并且有持久价值的信息,但对读者更重要的是如何看到最新的信息的途径,为此,出版者在网站 www.awprofessional.com 上支持对本书的更新。

# 致　谢

感谢那些 CMMI 小组的成员所做出的贡献，其中包括那些参与了产品开发小组和指导小组的人员，特别是那些参加了评估方法小组的人员，以及参加了评估方法集成小组的人员。正是因为后者的努力，CMMI 评估需求（ARC）和 SCAMPI 诞生了。也许这些小组的成员本身并不同意我们这里所说的所有东西，但是如果没有他们高效的工作和对 CMMI 的贡献，本书就不可能存在。

Peter Gordon 和其他 Addison-Wesley 的人员帮助我们把六位不同写作风格的作者的文字融合成统一的、可读的文字。出版商请来的一些评论人士，包括几位来自 SEI 的人士，为我们提供了很多有用的改进建议。另外，我们要感谢 Rich Turner 博士帮助我们鉴定书中的图片，还要感谢 Ralph Williams 为我们提供了一般实践中用到的示例图片。

最后，要谢谢我们的家人（特别是 Pam，Carolyn，Debbi，Chris，Mary 和 Karen），是他们的支持使得我们能够按时完成进度。我们爱你们。

Dennis，Jim，Aaron，Jack，Ken 和 Will

Baltimore，Herndon，Dallas，Colorado Springs，Herndon 和 Pittsburgh

2005 年 2 月

# 关于作者

Dennis M. Ahern 是 Northrop Grumman 公司的一位过程改进咨询工程师和管理人员。他曾在耶鲁大学和马里兰大学执教，是 CMMI 产品开发小组的代表工程管理者，也是 CMMI 编辑小组的领导者之一。他是 CMMI 评估方法学小组的成员，也是 CMMI 的作者之一。他是 *CMMI Distilled*, *Second Edition*（Addison-Wesley, 2004）一书的合著人。他在加利福尼亚大学获得博士学位。

Jim Armstrong 是 Systems and Software Consortium 公司（SSCI）的首席系统技术专家。他曾有 37 年的系统开发经验，也是系统工程评估人员和 CMMI 评估人员。他是 IEEE 1220, EIA/IS 731, CMMI 和其他标准的 SCAMPI 的作者小组成员之一。Jim 已经同很多不同规模和产品的公司一起工作过，工作内容包括实现过程改进、CMMI 实施和 SCAMPI 评估的准备。

Aaron Clouse 是 Raytheon 公司的工程师，他有 30 年的电子系统和软件工程经历，他是 CMMI 模型小组的成员，一位资深的 CMMI 入门指导人员，并且参与过若干的评估。他参与合著了 CMMI 和 *CMMI Distilled*, *Second Edition* 一书。

Jack R. Ferguson 是 SEI 评估项目的管理人员，他有 39 年的工程经验，主要参与了美国空间项目，并且由于其在全球定位系统飞船高度控制的工作被授予美国空军研究和开发奖。Ferguson 博士也领导了开发 Software Acquisition CMM 和初始 CMMI 产品系列的小组，并于最近花了两年的时间在（美国）国防部秘书办公室从事高精度软件系统工作，他在奥斯汀的得克萨斯大学获得博士学位。

Will Hayes 是 SEI Staff 的高级会员，他已经在 SEI 呆过 15 年，曾主持过测量、过程改进和过程评估等多项工作。目前他在 SEI 评估项目中担任质量管理人员，该职位就是他帮助定义的。Will 在过程改进咨询、过程评估和专业培训方面都有着广泛的经历。他曾经培养了数百名首席评估员和过程改进的专业人士，并支持创建和讲授关于成熟度模型、测量、统计过程控制和过程评估的课程。Will 曾是开发 SCAMPI V1.1 方法的评估方法集成小组的成员，并是 Method Definition Document（方法定义文档）的主要撰稿人。

Kenneth E. Nidiffer 是 SSCI 的副总裁，有着长达 43 年的软件加强系统的市场、调研、开发、培训和获取经历。他在（美国）国防部和业界（如 Systems and Software Consortium 公司、Northrop Grumman 公司和 Fidelity Investments 公司）都担任一些执行级别的职位，也发起了系统化过程改进的初始化工作。Nidiffer 博士现在负责响应百人级公司需要的项目管理和客户支持工作。

# 目　录

# 第三部分　SCAMPI 的应用

# 第一部分　为什么现在需要 SCAMPI

要想能在准备膳食时知道准备什么菜肴、什么与什么搭配、什么比较合乎季节及其客人的喜好等,需要有细致的计划,且对可供选择的范围有清晰的理解。同样,在企业的改进工作过程中,也有许多工具和技术资源可供使用。如果 CMMI 是你在过程改进中的一门"主修课程",那么你还可以考察其他方法,将这些方法与 CMMI 对比,然后找出一个过程改进技术的最优组合,以确保预期的工作达到完美的结果。

## 第一部分内容

### 第1章　过程评估策略

本章将向读者介绍 CMMI 项目及其产品,并对 CMMI 和其他同期过程改进方法与工具进行比较。

# 第1章  过程评估策略

"蒜味大虾"食谱:(1)虾;(2)浇上蒜汁或黄油的菜碟①;(3)一个标准的 CMMI 过程改进方法。

工作时,你可能在咖啡机周围或者会议之前听到一些关于过程对组织的价值的激烈辩论。对有些人而言,关注于过程是使运作获得成功的重要基石,这种关注可以使人从那些运行良好的标准方法中受益,改善那些运行欠佳的方法。而对于另一些人而言,过程是遥远的东西,而且充满未知;它意味着花太多时间在非增值活动上,关注形式而非实质,关注文件而非个人的创造性和主动性。

赞成或反对过程这两个方面在组织管理哲学中均甚为重要。在高层管理会议上,你也许会听到:"有人指责我们在过程方面走得太远了"。不要过于担心。对于那些坚信过程重要性的人,包括本书的作者,十分清楚好的过程改进方法必须通过与高层管理人士的合作来实现,以便消除反对的声音并包容这两方面的意见。我们提倡标准组织过程的同时也应提倡个人的主动性,而不贬低或低估人力资源在成功运作中的重要性。我们不仅要不断消除可能妨碍实现经营目标的非增值工序步骤,同时应设法提高效率和效益,来解放个人和团队,使他们尽可能地有效发挥能力和创造性。我们不应该仅仅为本身的利益来操作过程,而应该将适宜的过程融入工作中,使之能够支撑我们的业务运行,鼓励员工将过程做得最好。

实现这些目标的关键工具之一就是过程评估。这种评估从历史角度看,不但可以促进内部过程的改进,同时还可用于外在衔接(如选择供应商或监控)②。恰当地运用这种过程评估,无论是用于内部还是外部,都会对被评估的组织形成一种促动。为进行这种评估

---

① 让我们在附录 A 之前提供这道"蒜味大虾"的食谱。

② 研究 CMMI SCAMPI 评估的人士和那些熟悉的 ISO/ IEC 15504(最近修订的过程评估国际标准)的人士,可能会意识到两者在使用术语上的不同。在 15504 标准中,"评价"(Assessment)一词作为最普遍的审查过程的名词,是指过程评价可以针对一个内部组织,或者针对一个外部组织。而在 SCAMPI 中,最普遍的审查过程名词是"评估"(Appraisal)。"评估"取代了原来软件 CMM 中使用的供内部使用的"评价"和供外部使用的"估价"(Evaluation)。但愿随着时间的推移,国际标准化组织能与 CMMI 协作,以便统一术语。

而支出的代价最终会得到合理的回报。我们将在讨论 CMMI SCAMPI 评估机制并将该此评估与其他应用于企业实际的评估和改进技术进行比较时再来讨论这一问题。

在本章中,我们将首先概述 CMMI 项目和组成 CMMI Product Suite(CMMI 产品套件)的产品,然后回顾一下近年来发展的过程改进技术;CMMI 的普及度有赖于其使用价值的增加。我们的讨论将集中在基于模型的过程改进(如 CMMI)和其他不是基于 CMMI 带来的结果。说清诸如 CMMI,Lean,六西格玛和 ISO 9000 诸多方法的一致、不同以及给我们带来的结果和影响,是一个很大的挑战。我们的目的是帮助读者开辟一条适合于整个企业过程改进的路径。同时,我们也将会讨论过程改进策略中评估所担负的角色。

## 1.1　过程改进模型与 CMMI

在 CMMI 出笼之前,最广泛应用于软件开发的过程改进模型是**软件能力成熟度模型**(SW-CMM)[①]。而在系统工程领域,**系统工程能力模型**(SECM) EIA 731 则是其行业认可的过程改进模型[②]。SW-CMM 和 EIA 731 两者都是 CMMI 的源头,并且两者都有一种与之相关的评估方法(见图 1.1)。SW-CMM 的评估方法就是**基于 CMM 的内部过程改进评估**(CBA IPI) [③],而 EIA 731 的评估方法是 **SECM 评估方法**。SW-CMM,EIA 731,CMMI 以及其他类似模型的最主要的特征是,它们在测量过程能力和组织成熟度时都采用了"级别"。利用这样一种模式对一个组织进行评估和过程改进时,我们会发现,不论是用于测量当前状态还是用来计划未来的改进,这样的标准等级划分是很有价值的。

当运用一套过程改进模型(例如 CMMI、软件 CMM 或 SECM)进行评估时,其目标是鉴定过程的优劣和得失,以便在必要时为该组织评定"等级"。评估的过程是检阅一个组织内的当前实践,通过衡量这些实践与过程改进模型是否相符决定该组织的运作过程的优劣和得失。过程改进模型的评估人员须尽可能地使运作过程包含现有的最佳实践,以便当一个组织申请晋级时,能够为他们的过程改进奠定坚实的基础。

当确定使用某一过程改进模型时,一个组织实际上认可了创立这个模型的小组的工作。

---

[①]　Paulk, Mark C., et al. *Capability Maturity Model for Software*, *Version 1.1* (*CMU/SEI-93-TR-24*; *also ESC-TR-93-177*). Pittsburgh: Software Engineering Institute, Carnegie Mellon University, February 1993. Paulk, Mark C. et al. The Capability *Maturity Model*: *Guidelines for Improving the Software Process*, Reading, MA: Addison-Wesley, 1995.

[②]　*EIA Standard*, *Systems Engineering Capability-EIA 731* (Part 1: Model, EIA 731-1, version 1.0; Part 2: Appraisal Method, EIA 732-2, version 1.0), 2002.

[③]　Dunaway, D., and S. Masters, *CMM-Based Appraisal for Internal Process Improvement* (*CBA IPI*): *Method Description* (*CMU/SEI-96-TR-007*). Pittsburgh, Software Engineering Institute, Carnegie Mellon University, April 1996.

毕竟,一个组织只能从头开始,自食其力地为自己独特的商务环境选择最好的实践。在这样做时,组织不能依赖某一个模型来设定过程需求,而是要创立其自己的过程需求。在一些商务环境中,这可能是个明智的做法,但这又需要非常高的自信心和洞察力。相反,如果有经验表明哪些过程对于该组织是重要的,而且被考虑的模型确实是建立在这些丰富的经验证据之上的,那么采用一套标准的过程需求有很多好处。如果还有其他的领域没有被包括在模型中,但却被认为是非常重要的,那么我们可以在基本模型的基础上对过程改进进行扩展。

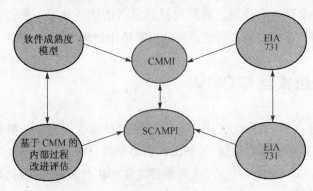

图 1.1　模型和评估方法的关系

　　为了更好地理解一个组织除了受到客户压力的原因,为什么想要采用某个模型进行过程改进,我们来回顾一下 CMMI 以及其他几个目前受关注的过程改进方法。

## 1.2　CMMI 产品套件 V1.1

　　CMMI 项目的建立是为了创建一套完整的模型、评估方法以及培训如何在系统和软件工程多种类别下得以应用。首先,我们将简要地描述 CMMI 项目是如何被组织的,然后概要介绍 CMMI 套件的主要产品。

### 1.2.1　CMMI 项目

　　在 20 世纪 80 年代,软件成熟度模型(CMM)就已经被一些机构采用,以便帮助改善他们的软件开发过程。如果读者看看有多少软件产品的诞生是从软件成熟度模型中获取得灵感的,那么你就会知道软件成熟度模型是多么成功。然而多种不同的模型使用上的差异会引发组织内的冲突,例如使用一个用于软件的模型和一个与之不同的、用于系统结构工程的模型。为此美国国防部(DOD)和国防工业协会(NDIA)联合发起了 CMMI 项目。他们的目的是整合三个关键的相关模型,使之成为一个单独的框架,该框架可以在系统工程、软件以及集成产品开发中使用[①]。这个产品就是我们所期待的成熟度模型集成项目,即 CMMI 项目[②]。

下表按时间顺序列明了 CMMI 的产生发展过程。

| CMMI 重要事件 | |
| --- | --- |
| 1997 | 美国国防部和国防工业协会发起了 CMMI 项目 |
| 1998 | 举办第一次会议 |
| 1999 | 发布了操作概念 |
| | 第一次试验完成 |
| 2000 | 附加试验完成 |
| | CMMI-SE/SW 和 CMMI-SE/SW/IPPD 1.0 初步发布试用 |
| | CMMI-SE/SW/IPPD/SS 1.0 试验版发布 |
| | SCAMPI V1.0 方法定义文档发布 |
| | CMMI(ARC)V1.0 需求评估发布 |
| 2001 | SCAMPI V1.1 方法定义文档发布 |
| | CMMI(ARC)V1.1 需求评估发布 |
| 2002 | CMMI-SE/SW,CMMI-SE/SW/IPPD,CMMI-SE/SW/IPPD/SS 和 CMMI-SW V1.1 发布 |
| | 政府资源选择和合同过程管理的 SCAMPI V1.1 方法实现指南发布 |
| 2003~2006 | 关注于如何转变为应用 |

此 CMMI 项目采用分组形式根据 CMMI 框架内的组件进行开发设计。分组描述包括 CMMI 的模型、评估和训练,进而阐释框架中的每个元素。CMMI 产品小组的组织方式如图 1.2 所示。

DOD 和 NDIA 依旧是 CMMI 项目的发起者。指导小组成员有工业部、DOD 和主管。主管的责任安排给了卡内基-梅隆大学的软件工程学院。主管部门提供教师培训、指导评估、维护 CMMI 的框架结构以及管理合作者计划来支持 CMMI 的实施。合作者由主管部门授权来提供指导和培训。另外,管理部门支持配置控制委员会,配置控制委员会的成员都是重要的干系人,并提供 CMMI 框架的**项目管理者**(PM)和**主架构师**(CA)。专家组通常负责改进框架,如图 1.2 所示。

---

[①] 第三种模型是集成产品开发 CMM,版本 0.98,其之前仅发布了试验版。CMMI 的发展导致其开发中止。

[②] CMMI 的开发团队成员是从美国国防部(DOD)和国防工业协会(NDIA)召集来的。后来为 CMMI 的开发团队提供人员的是下列单位:ADP Inc.,AT&T Labs,BAE Systems,Boeing,Comarco Systems,Computer Sciences Corporation,Defense Logistics Agency,EER Systems,Ericsson Canada,Ernst and Young,General Dynamics,Harris Corporation,Honeywell,IBM,Integrated Systems Diagnostics,KPMG Consulting,Litton PRC,Lockheed Martin,MitoKen Solutions,Motorola,Northrop Grumman,Pacific Bell,Q-Labs,Raytheon,Rockwell Collins,Software Engineering Institute,Software Productivity Consortium,Sverdrup Corporation,TeraQuest,THALES,TRW,U.S.Air Force,U.S.Army,U.S.Federal Aviation Administration,U.S.Institute for Defense Analyses,U.S.National Reconnaissance Office,U.S.National Security Agency,and U.S.Navy。

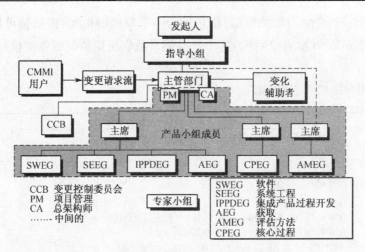

图 1.2　CMMI 项目组织表

## 1.2.2　CMMI 模型

　　整合三种源模型对于 CMMI 工作小组来说是一个巨大的挑战。*CMMI: Guidelines for Process Integration and Product Improvement*[①] 和 *CMMI Distilled*[②] 这两本优秀的著作中记录了这些经历多种努力产生的整合模型的详细信息。这种整合看起来像是 3 种源模型的简单合并,但实际上产生了很多的问题,其中包括:

- **过程域**(Process Area, PA)的划分(PA 的数量)
- 阶段或连续表示
- 实践的数量
- 先进实践方法的使用
- 模型的整体大小
- 实践清晰度和评价实践的能力
- 是否包括通用属性

　　发布的 CMMI 模型的第一个版本(V0.2)和后来的版本 1.0 和 1.1 都有很大的不同。V0.2中在实践级上的细节,是一种三个源模型的细节的混合版,它使得这个整合模型偏大偏全,致

---

① *CMMI: Guidelines for Process Integration and Product Improvement*(Chrissis, M. B., Konrad, M., and Shrum, S., Reading, MA: Addison-Wesley, 2003)介绍了 CMMI 模型,给出了一个详细的案例研究,并且解释了整个 CMMI 模型(包括本书的大部分),把所有的模型变量一起合并到了一个单一的介绍中。

② *CMMI Distilled*(Ahern, D., Clouse, A., and Turner, R., Reading, MA: Addison-Wesley, Second Edition, 2003)简要地描述了模型和 CMMI 产品套件中的其他部分,还给出了这些材料使用方法的实践指导。

使任何一种合理的评估都难以实施。为此,每一次 CMMI 的新版本都减少了整理和发布周期实践的数量和过程域的数量,在很多情况下是把原来的那些细节归纳整理合并到一起。然而即使在模型规模上变小了,CMMI 模型仍然是相当强健的。评估的挑战依然存在,因为组织一次 CMMI SCAMPI 的评估所花费的时间与精力对于公司而言都是一笔巨大的投资。

CMMI 框架允许为不同种类的组织构造几种不同的模型。目前,下面的这些模型都是同时支持阶段和连续表示的模型[①]:

- CMMI-SE/SW/IPPD/SS
- CMMI-SE/SW/IPPD
- CMMI-SE/SW
- CMMI-SE

一般情况下,这些模型之间的区别仅仅在于过程域的内容和扩展[②]。例如,CMMI-SW 和 CMMI-SE/SW 两种模型之间的唯一区别就是,CMMI-SE/SW 模型包含了系统工程的扩展,而 CMMI-SW 则不包括;所有其他部分都是完全一样的。一个 SCAMPI 评估有可能用当前的 CMMI 模型中的任意一个版本来实现。

图 1.3 说明了 CMMI 阶段表示的结构。阶段表示中的过程域是通过成熟级别来表现的;每一个过程域均存在于相应的成熟级别中。每个过程域(PA)中的实践指标是通过目标进行构建的。通用目标(Generic Practices,GP)是通过与在软件 CMM 模型中类似的一些共有特征进行组织的。

在连续表示中,过程域不是通过成熟级别组织的,而是通过过程种类来组织的,如图 1.4 所示。每一个过程域都会覆盖模型中的所有级别。4 个过程域策略分别是过程管理、项目管理、工程和支持。注意它和阶段表示不一样,在连续表示中,通用实践(GP)不是通过共同特性来组织的。共同特性仅仅在阶段表示中被用做组织元素;通用实践在阶段表示和连续表示中本质上是一样的。在整个 CMMI (V1.1)框架中有 25 个过程域。表 1.1 给出了这些过程域的概要,并对每个过程域,给出了评估过程中的一些关键元素(比如目标和实践)。

这些目标和实践对于评估来说是基础信息指标。可用来理解实践的信息性材料组成了子实践。右边一栏的庞大数字表明了为什么在一个评估中对于每一个子实践都要得到证据是一种挑战。

---

① SE 表示 Systems Engineering(系统工程);SW 表示 Software(软件);IPPD 表示 Integrated Process and Product Development(整合过程和产品开发);SS 表示 Supplier Sourcing(供应商资源)。

② 扩展包括与学科密切相关的详细信息,主要是关于如何把 CMMI 模型运用到一个特定的学科中的信息,比如软件或系统工程。

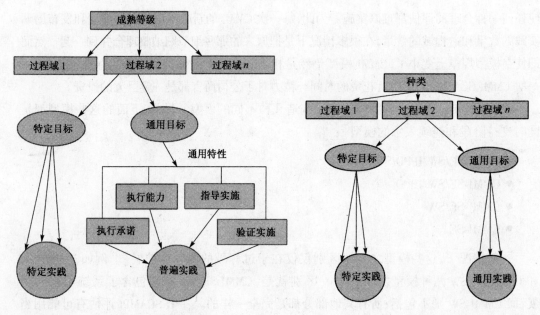

图 1.3　阶段表示结构　　　　　　图 1.4　连续表示结构

**表 1.1　CMMI 模型大小总结**

| 过程域(PA) | PA缩写 | ML | 种类 | 目标 | 实践 | 子实践数量 |
|---|---|---|---|---|---|---|
| 原因分析与解决 | CAR | 5 | 支持 | 2 | 5 | 13 |
| 配置管理 | CM | 2 | 支持 | 3 | 7 | 38 |
| 决策分析与解决 | DAR | 3 | 支持 | 2 | 6 | 22 |
| IPPD 的整合项目管理 | IPM | 3 | 项目管理 | 4 | 13 | 70 |
| 整合供应商管理 | ISM | 3 | 项目管理 | 2 | 5 | 18 |
| 整合团队 | IT | 3 | 项目管理 | 2 | 8 | 29 |
| 测量与分析 | MA | 2 | 支持 | 2 | 8 | 34 |
| 整合的组织环境 | OEI | 3 | 支持 | 2 | 6 | 26 |
| 组织级的革新和调度 | OID | 5 | 过程管理 | 2 | 7 | 47 |
| 组织级的过程定义 | OPD | 3 | 过程管理 | 1 | 5 | 34 |
| 组织级的过程重点 | OPF | 3 | 过程管理 | 2 | 7 | 42 |
| 组织级的过程性能 | OPP | 4 | 过程管理 | 1 | 5 | 20 |
| 组织级的训练 | OT | 3 | 过程管理 | 2 | 7 | 28 |
| 产品整合 | PI | 3 | 工程 | 2 | 4 | 22 |
| 项目监控 | PMC | 2 | 项目管理 | 3 | 9 | 38 |
| 项目计划 | PP | 2 | 项目管理 | 2 | 10 | 37 |
| 过程和产品质量保证 | PPQA | 2 | 支持 | 3 | 14 | 36 |
| 定量的项目管理 | QPM | 4 | 项目管理 | 2 | 8 | 42 |
| 需求开发 | RD | 3 | 工程 | 3 | 12 | 35 |
| 需求管理 | REQM | 2 | 工程 | 1 | 5 | 18 |

（续表）

| 过程域(PA) | PA 缩写 | ML | 种类 | 目标 | 实践 | 子实践数量 |
|---|---|---|---|---|---|---|
| 风险管理 | RSKM | 3 | 项目管理 | 3 | 7 | 25 |
| 供应商合同管理 | SAM | 2 | 项目管理 | 2 | 7 | 37 |
| 技术解决方案 | TS | 3 | 工程 | 3 | 11 | 52 |
| 确认 | VAL | 3 | 工程 | 2 | 5 | 19 |
| 验证 | VER | 3 | 工程 | 3 | 8 | 44 |
| | 总数 | | | 55 | 189 | 826 |

下面让我们剖析一下 CMMI 评估方法。

## 1.2.3　CMMI 评估模型

产品开发小组制定了 3 个主要的评估文档：1.**CMMI 评估需求**（ARC）[①]；2.**过程改进的标准 CMMI 评估方法**（SCAMPI）**方法定义文档**[②]；3.SCAMPI V1.1：政府资源选择和合同实施监控的执行方法的指导[③]。

ARC 由一系列高层设计标准组成，这些标准用于基于 CMMI 模型的开发、定义和使用评估方法等。"SCAMPI V1.1：政府资源选择和合同实施监控的执行方法的指导"为政府职员和他们支持的机构在他们所处的环境中完成基于 SCAMPI 方法的目标提供指导。"SCAMPI 方法定义文档"描述了与组成 SCAMPI 方法的过程相关的需求、活动和实践。它被设计为指导 SCAMPI 评估的一个基础。文档中包含必要的实践、参数和变更界限的精确列表，可选择的实践和制定方法的指导在该文档中也有提及。

我们会在第 3 章"SCAMPI A 类方法定义"中详细地介绍评估模型。

## 1.2.4　CMMI 培训

除了模型和评估小组，产品开发组还包括一个培训小组，该小组负责编写培训材料，这些材料作为 CMMI 框架的一部分。这个机构开发几种培训材料，以同时支持模型的阶段和连续表示。培训材料包括以下课程：

---

[①] *Appraisal Requirements for CMMI, Version 1.1*（*ARC, V1.1*），（*CMU/SEI-2001-TR-034*）。Pittsburgh, Software Engineering Institute, Carnegie Mellon University, December 2001。

[②] *Standard CMMI Appraisal Method for Process Improvement Version 1.1: Method Definition Document*（*CMU/SEI-2001-HB-001*）. Pittsburgh, Software Engineering Institute, Carnegie Mellon University, December 2001.

[③] *Standard CMMI Appraisal Method for Process Improvement*（*SCAMPI*）, *Version 1.1: Method Implementation Guidance for Government Source Selection and Contract Process Monitoring*（*CMU/SEI-2002-HB-002*）. Pittsburgh, Software Engineering Institute, Carnegie Mellon University, September 2002.

- CMMI 基础。
- CMMI 中级概念。
- CMMI 讲师培训基础。
- SCAMPI 主导评估人员培训(SLAT)。

**"CMMI 基础"** 课程为参训学员介绍了 CMMI 模型及其基本概念。这个 3 天的课程帮助学员对过程域的组织改进做出正确、有效的判断。该课程对识别根据 CMMI 模型对原有结构进行改进过程中的相关问题很有帮助。SCAMPI 评估小组成员、高级评估人员和 CMMI 讲师均需受训于这个课程。

**"CMMI 中级概念"** 课程为参训人员提供了深入理解 CMMI 模型及其概念的机会。课程着重描述了各个运行步骤、运行步骤之间的详细关联,以及与 CMMI 中其他成分的联系。该课程展示了开放式的教学风格,鼓励讲师与学员之间的互动。它将帮助学员为对组织的过程域执行情况做出正确判断做准备。

这个 5 天的课程包括授课和课堂练习,为学员提供充足的机会进行示范、提问和讨论。此课程是为如下学员准备的:

- 准高级评估人员和 SCAMPI 评估小组的领导人员。
- 系统、软件工程师以及需要对 CMMI 模型有深入理解的程序员。
- 想成为具有 CMMI 资格讲师教授**"CMMI 基础"**课程的候选人。

**"CMMI 讲师培训基础"** 课程的目标是使学员成为**"CMMI 基础课程"**的权威讲师。这个 3 天的"培训人员的培训"课程给学员提供一次准备和讲解 CMMI 理论的机会,该课程的培训人员给准讲师们提供一个反馈,评估每位准讲师的表现情况。

当学员给一位 SEI 培训人员上完一堂课并且收到满意的评价后,学员就能为自己的组织或者其他组织提供培训服务了(培训服务是在与 SEI 的组织合作协议中定义的)。

**"SCAMPI 主导评估人员培训"** 课程的目的是把学员培养成为 SCMAPI 评估小组的领导者。这门课程是为那些有评估经验和想在 SEI 评估过程中成为权威领导者的学员准备的。

完成课程学习后,经过一位高级 SEI 资格验证师的审查并且收到满意的答复后,学员就可以为自己的组织或者其他组织提供 SCAMPI 评估的培训服务了。另外,他们可以为各个评估小组提供评估练习,但是需要经过 SEI 的允许,并需使用那些与 SEI 有合作伙伴关系准可的学习资料。

**"CMMI 讲师和 SCAMPI 主导评估员培训班"** 对培训和评估模型每年进行一次升级。

其他各种不同期限、不同方向的培训由有合作伙伴的组织制定。例如,1 天或 2 天的 CMMI 入门课程,使用刻有 CMMI 材料录像的 CD。也有为项目经理开设的 2 小时和 4 小时的介绍课。NDIA 和 SEI 联合主办了 CMMI 技术协商会议,该会议每年 9 月在美国的丹佛市举行。各个 CMMI 使用组织之间可以通过这次会议互相交流和学习。另外,区域性的类似会议每个季度举办一次。

在对 CMMI 产品系列的构成有了基本了解后,就可开始了解一下其他的过程改进计划。我们先从 Lean 模型开始。

## 1.3　Lean 模型[①]

过程改进的 Lean(精益)研究方法是精益航空计划(Lean Aerospace Initiative,LAI)发展的结果,主办此计划的联盟由美国政府、工业、劳动和大学组成[②]。在 20 世纪 90 年代初,美国空军开始考虑日本汽车业的精益生产方案可否应用于美国航空航天工业。为此 LAI 于 1993 年在 MIT 开始运作。精益生产用于降低飞机和其他航空产品的生产成本。除了增加了担负能力外,Lean 方法还侧重于消除或减少浪费,提高信息和工作产品的流动,为企业创造价值。

Lean 方法可以横跨整个企业,包括制造业、金融业和几乎任何可能存在无效行为的活动。在制造业之外,精益概念也可以适用于大多数产品开发过程和服务的交付(以另外一种形式)中。Lean 企业模型包含 12 个首要实践:

1. 确定和优化企业流程。

2. 贯彻整合的产品和过程开发。

3. 保持现有过程的挑战性。

4. 保证无缝信息流。

5. 保证过程能力和成熟度。

6. 保证变化环境下的最大稳定性。

---

① CMMI 指导小组的 Northrop Grumman 成员 Hal Wilson 编写了一本比较 CMMI 和 Lean 的白皮书,名为 *Position Paper on Government Use of Lean Enterprise Self-Assessment Tool(LESAT)for Benchmarking*〔政府使用精益企业自我评估工具(LEASAT)来评估打分的意见书〕,他的主张有助于我们本节的讨论。

② 在网站 http://lean.mit.edu 上有关于 Lean 和 LAI 的资料。有两本重要书籍介绍精益生产,它们是 Womack.J.; D.Jones 和 D.Roos 的 *The Machine that Changed the World*: *The Story of Lean Production*(Rawson Associates,New York, 1990)和 Murman,E 等的 *Lean Enterprise Value*: *Insights from MIT's Lean Aerospace Initiative*(Palgrave,New York, 2002)。

7. 最优化能力和人员的使用。

8. 基于相互信任和许诺的发展关系。

9. 营造一个学习环境。

10. 在最低层做决定。

11. 在所有层次提升精益的领导力。

12. 持续关注客户。

Lean 方法的一个关键活动是致力于产品附加价值,然后绘制"价值流"以决定何时价值被加入到工作产品,何时不加入。中心目标是减少没有价值被加入的情况的时间,比如队列中几天未被占用的座位。

精益是在企业内部使用的,并且绝不鼓励用它在各组织之间进行比较(这一点与 CMMI 和 SCAMPI 不同)[①]。**精益企业自我评估工具**(The Lean Enterprise Self-Assessment Tool, LESAT)广泛关注企业间的产品生命周期,并在一定程度上考虑个别公司的许多独特活动。这是一个自我评估过程,它决定了一个组织的精益程度和是否准备好应对变化。它采用了 5 个层次——从最低级(级别 1)"能力"到最优级(级别 5)"世界级"——的概念来评估每一个实践,见表 1.2。

表 1.2    精益基本级别定义

| 级 别 | 定 义 |
| --- | --- |
| 1级 | 对实践部分有一定认知;可在几个领域展开零星的治理活动 |
| 2级 | 对实践部分有普遍认知;在几个领域内有进行不同效率和支持程度的非正式方法 |
| 3级 | 有一套在横跨很多领域的各种级别下部署的方法;通过度量更易于实施;良好的支持程度 |
| 4级 | 整个企业持续的细化和持续的提高;具有可持续性的改进回报 |
| 5级 | 在整个企业(包括内部和外部的价值流)有一套优越的、明确的、富于创新的部署方法;可被确认为最佳实践 |

领导能力和强有力的基础设施被认为是进入到级别 5 状态的关键。

很明显,CMMI 和精益航空计划(LAI)都有相当大的价值。首先,我们可描述两种方法的相同性,然后是不同性。LEAST 和 CMMI SCAMPI 的起源相同,但关注的焦点不同。为了改进性能和有效性,美国政府部门、工业界和学术界共同创造了 Lean 和 CMMI。Lean 最初

---

① 在某种程度上,从事 CMMI 的人员希望重新审视 CMMI 所具有的两种价值观的关系,即作为一个可以在多种不同组织间进行客观比较的工具的价值观,以及作为可以为改进内部过程提供最佳实践系列的价值观。实际上这两种目标在何种程度上更贴近于现实世界还并不清楚。在很多美国国防部的供应商中,因为 CMMI 被看成是一种用于质量审核的工具,这些组织的管理人员作为 CMMI 的对立面很少想到将 CMMI 用于过程的改进。评估的信息是指通过某个级别就意味着成功,而达到某一成熟度需要大量财力这一点,会掩盖住 CMMI 实际可以满足过程的日益改进。在这方面,Lean 与 CMMI 的差异值得反思。

关注于制造业,而 CMMI 的最初焦点是在系统和软件工程原理和实践上面。二者都以**集成过程和产品开发**(IPPD)方法为重点。

　　Lean 企业模型和 CMMI 模型都是可扩展的,正如它们都有各自的评估方法一样。CMMI 和 LAI 最终都着眼于企业方面。早期的 Lean 和 CMMI 都着眼于易于实现的目标。与一系列带类似于名字"Kaizen"的实践一样,Lean 可以在与其他企业运作或与几乎没有任何结合的生产过程中实现。由于 CMMI 的前身最初也是着眼于一些综合最少的自底向上而不是自顶向下的方法上面,所以 CMMI 有这种类似的传统。例如,成熟度模型 2 级的实践着眼于管理那些可以被项目级别实现的(相对于企业级)活动。当通过这些努力获得了一些好处后,结果往往比预想的获益要少。现在人们已经意识到只有考虑到整个企业,Lean 和 CMMI 才可以发挥出最大的利润。因此,鉴于当 Lean 企业模型和 CMMI 发展时评估方法也会随之变化,这些评估方法可被视为"活的"实体。

　　在评估或评价之前,关于 SCAMPI 和 LESAT 的关键问题是被评估企业的边界定义问题。"企业"可以被分割为一个主要的企业,一个特定的场所,一个商业个体,或其他适当的实体。一个企业的区别性特征是它必须有盈亏账目或其他绩效说明。企业的另一个特性是它通常包含生命周期的核心过程(例如过程管理、需求定义、产品开发、供应链、生产和支持)以及一些使能过程(例如金融、人力资源和信息系统)。在企业级上,待评估的特性将被定义为企业的高级主管、客户、供应商以及其他风险干系人。

　　CMMI 和 LAI 使用的"模型"方法是相同的,而评估框架(SCAMPI 和 LESAT)的评定依从于它们特定的模块。SCAMPI 和 LESAT 评估许多相类似的关键实践。根据 CMMI 和 LAI 的相似之处,LAI 使能实践与 CMMI 的对比如表 1.3 所示。

表 1.3　LAI 使能实践与 CMMI 的对比

| LAI 的使能实践(取材于 Lean 企业模型) | CMMI 的特定实践、特定目标和过程域(PA) | CMMI 的通用实践(GP)和通用目标(GG),以及成熟度级别(ML)或能力级别(CL) |
| --- | --- | --- |
| 系统工程方法 | 工程 PA | 2 和 3 级 |
| 需求 | RM, RD | 2 和 3 级 |
| 设计 Mfg,支持…… | RM, TS | 3 级 |
| 检查 | PPQA,在 VER 中结对复查目标 | 2 级 |
| 计划 | PP, IPM, QPM | 2 级 |
| 风险管理 | RSKM | 3 级 |
| 数据管理 | PM | 2 级 |
| IPT | IPPD 扩展 | 3 级 |
| 干系人参与 | 贯穿 | 2 级 |
| 技能和培训 | OT | 2 级 |

(续表)

| LAI 的使能实践(取材于 Lean 企业模型) | CMMI 的特定实践、特定目标和过程域(PA) | CMMI 的通用实践(GP)和通用目标(GG),以及成熟度级别(ML)或能力级别(CL) |
|---|---|---|
| 软件工厂 | 工程 PA | 2 和 3 级 |
| 矩阵 | MA, QPM | 2,3,4 级 |
| 定义过程 | OPD | 2 和 3 级 |
| 建立过程流模型 | OPD | 2 和 3 级 |
| 数据和根本原因 | QPM, CAR | 2,3,4(数据),5 级(根本原因) |
| 减少可变性 | QPM | 4 和 5 级 |
| 目标改进 | OID | 5 级 |
| 持续的过程改进 | CAR, OID | 5 级 |

评估方法都是类似的。与 SCAMPI 相似,LESAT 被设计用来在转化过程中帮助企业评估过程。人们期待评估按照规则的、定期的进度表来进行。特定的评估结果将在精炼和调整持续改进计划方面提供指导。检查和比较一些可供选择的性能评估方法,最满足用户需求的 LAI 方法是能力成熟度矩阵。在开发能力成熟度矩阵时有两个最基本的步骤。第一步是根据被评估的组织决定特定的要素。在要素具体化后,每一个与改进成熟度等级相关的要素均须得到仔细地构造。

---

## 用 Lean 和 CMMI 对变更进行控制

    Lean 可以被六西格玛和其他过程改进机制支持(见 1.4 节)。这一点之所以重要,是因为实现一个组织的工作目标,新的过程相对来说常常是不能被优化的。有一种古老的说法:"实体生命的保护者"可以依靠系统的过程改进模式。这是因为过程总是存在于其被改进和优化之前。早些年(1985～1990)被揭露的一种惊人现象是大多数软件组织在用 CMM 度量其软件成熟度时"陷入泥泞"的第一级,这意味着他们的过程并未被定义。因此,首先紧要的是在组织的商业框架内着眼于定义这些过程。总体来说,这个评价模型不是判断过程的质量,而是注重是否有这个过程,这个过程是否被文档化,是否被实例化。这在初级成熟度评定时尤其重要。当组织达到 CMMI 成熟度更高等级时,统计控制过程的使用就成为必需,而过程是否文档化等问题就成为次要。

    和 SCAMPI 相比,LESAT 接受评估结果所用的文化背景是不同的。Lean 出自于制造业,这是一个备受关注的拥有复杂所有制过程的领域。因此,对一个存在着精益生产及其扩展的面向制造业的文化来说,系统性的过程改进更容易被接受。然而,在软件领域,虽然过程相对简单(或换句话说,步骤数量较少),但系统和软件工程团队中创造性的文化跟过程改进的关系在开始期并不直接。LAI 被开发用来减少生产飞行器的费用,因此最初便着眼于生产。自从工业革命开始,公司就开始发展并且改进他们的生产过程、方法和工具,并且在很多与生产制造业相关的组织当中,过程改进是一种普遍被接受的机制。过程管理在制造业中的成功,使高级管理层更愿意将这些规则应用在组织的其他部分。CMMI 着眼于发展软件增强系统的创造性过程,因此自然会在操作流程和捕捉智慧之间存在一些抵消。当更多的公司达到 CMMI 过程模型的更高等级时,这种抵消应会减少。

## 1.4　六西格马模型

六西格马是一种非常流行的开发和改进方法,它被广泛地应用于摩托罗拉公司、德州仪器公司和其他的许多公司。此节将讨论六西格马的哲学体系和过程,以及六西格马是怎样融入到 CMMI 的改进和评估中去的[①]。

六西格马是一个术语,它被应用在方法学和测量上。它的改进来源于一些著名的质量工程,例如 Genechi Taguchi, Bill Smith, Philip Crosby, W. Edwards Deming 和 Walter A. Shewhart。六西格马没有独立的组织管理机构。六西格马方法学的一个基本目标是依照以测量为基础的策略去执行。该策略侧重于通过应用六西格马改进项目来改进过程和减少变更。

六西格马有如下 4 个主要目标:

1. 维护过程控制。
2. 不断地改进。
3. 超出客户期望。
4. 底线更加明确。

六西格马带来了一些工具,如错误模式、效果分析、衰退分析、过程模拟和控制图表。这些工具在满足 CMMI 的过程改进中非常有用。但在使用这些工具时要有所区别。虽然在更高的能力成熟度级别中使用统计工具是必要的,但是在 CMMI 框架内部,这些工具不具有前景预期性。在六西格马框架内,这些工具是禁止的而且是有序的,而统计工具的使用则会十分明晰。

---

① 关于六西格马有很多不错的书籍,其中一本是 *Implementing Six Sigma: Smarter Solutions Using Statistical Methods, Second Edition*,作者为 F. Breyfogle (John Wiley & Sons, Hoboken, NJ, 2003)。

运用六西格马及其所带的这些工具,可以推进两个不能用改进机制完成的 CMMI 的目标。它们都是连续改进的自底向上模型。六西格马更关注项目团队,而 CMMI 更关注组织的过程。与 CMMI 和 Lean 等以模型为基础去改进过程的方法不同,六西格马不包括任何过程模型。它是一种改进底线、以测量驱动的连续改进的策略。在六西格马中,每一个过程的选择都是基于它们影响经营成果的能力和对于顾客可视化的价值。在项目的级别上,过程的性能测试与商业的联系很清晰,所以它相对于**投资回报率**更易于测量。CMMI更关注组织过程的界定、规范化和制度化。像 Lean 一样,六西格马的进步始于制造业领域的发展,尽管这个领域的操作过程很复杂,但是这方面研究很深入。相对而言,CMMI 的进步始于系统工程和软件领域的创造性发展,对这样一个智力过程的领域,用人类智能的有效性去优化它有一定的困难。

六西格马法则只适用于达到 4 级或 5 级的软件组织,已成为广为认可的陈词滥调。六西格马工具包在对评定与 CMMI 4 级或 5 级相连的定量过程管理、产品质量管理和过程优化实践等过程中效果颇佳。遗憾的是,因为成熟度模型允许许多组织回避关注通过第 3 级的底线,所以它们很难达到第 4 级或第 5 级。这对于一个能在一两年内就达到第 4 级的组织来说可能不是什么问题,但是对多数组织而言,这个过程是如此漫长以至于在这个过程中会失去信心。CMMI 对这些问题有一定的应对。CMMI 中有一个位于第 2 个等级、被称为**测量与分析**(Measurement and Analysis)的过程域,它使得想把早期测量框架推迟的举动变得很困难。这种处理也接近于六西格马较低的成熟度级别。

融合战术层面上的六西格马和战略层面的基于模型的改进,对两者来说都会有最好的效果。六西格马和基于 CMMI 的过程改进是互补的:六西格马增强了分析能力,而 CMMI 则提供了系统组织化的结构。六西格马分析技术可用于在 CMMI 持续改进模型中挑选个体过程设置优先选项,亦可用于 CMMI 阶段式模型的每一个级别上。过程成熟度模型提供了一个连续改进的策略性框架,提供了一种工业化最佳实践的视点,提供了一种系统性的基准测试方法。这样就避免了过度分析、重复作业和不经意的次优化。

下面是一个如何将六西格马融入 CMMI 的例子:Raytheon 使用了一个整合的三部分处理策略,以便保证该公司的商业目标和产品开发、项目管理以及顾客满意度评价相一致。它将生命周期开发过程、CMMI 和六西格马紧密联系在一起。这里突出的一点是 Raytheon 引入了六西格马。六西格马的哲学思想和指导原则被进一步实例化为一个更具体的产品开发整合系统,该系统被用做公司商业运作、开发产品以及服务客户的指南。CMMI 框架加固了系统、软件工程和该生命周期开发系统中的其他准则之间的整合。最后的结果就是得到了一个拥有满足特定商业目标的优化过程的经整合的框架。

## 1.5 ISO 9000

ISO 9000 实际上是一个代表良好管理实践的标准族,它可以确保组织给用户提供始终如一的质量需求满意的产品或服务。这个目标同样是 CMMI 计划的基本目标。实际上, CMMI 是一个最优的实践的集合,这些实践可以确保随着能力水平的增长,软件的功能始终令用户满意。本节集中讨论 ISO 9000 和 CMMI 的一般特征[①]。

ISO 族质量标准包括:

- ISO 9000:2000,指导方针
- ISO 9001:2000,需求
- ISO 9004:2000,指导方针

因为 ISO 9001 代表过程需求,因此它是与 CMMI 相关的主要文档。它包括 5 个部分的需求:

- 质量管理系统
- 管理职责
- 资源管理
- 产品实现
- 测量、分析与改进

以上每个部分都包含了能在 CMMI 实践中进行追踪的需求。表 1.4 浓缩了在过程域级别中追踪主要部分的对应关系,除了表 1.4 中列出的通用实践之外,其他 CMMI 实践的追踪尚未提及。

表 1.4  ISO 9001 与 CMMI 之比较

| 部分 | ISO 9001 标题 | CMMI PA,通用实践 |
| --- | --- | --- |
| 4 | 质量管理系统 | |
| 4.1 | 一般需求 | OPF,OPD |
| 4.2 | 文档需求 | OPF,OPD,CM,GP 2.6 |
| 5 | 管理职责 | |
| 5.1 | 管理承诺 | GP 2.1 |

①  国际标准化组织(ISO)提供的关于 ISO 9000 文档的信息的网址是 http://www.iso.org/iso/en/iso9000-14000/iso9000/iso9000index.html。

(续表)

| 部分 | ISO 9001 标题 | CMMI PA,通用实践 |
|---|---|---|
| 5.2 | 客户关注 | RD, GP 2.7 |
| 5.3 | 质量方针 | OPF, GP 2.1 |
| 5.4 | 计划 | OPF, OPD, OPP, GP 2.2 |
| 5.5 | 责任、权利和沟通 | GP 2.4 |
| 5.6 | 管理评审 | OPF, PMC, GP 2.10 |
| 6 | 资源管理 | |
| 6.1 | 资源供给 | GP 2.3 |
| 6.2 | 人力资源 | OT, OEI, GP 2.3 |
| 6.3 | 基础设施 | OEI |
| 6.4 | 工作环境 | OEI, PP |
| 7 | 产品实现 | |
| 7.1 | 产品实现的计划 | OPD, PP, IPM, GP 2.2 |
| 7.2 | 与用户相关的过程 | REQM, RD, TS, VER |
| 7.3 | 设计与开发 | PP, PMC, CM, IPM, RD, TS, PI, VER, VAL |
| 7.4 | 采购 | SAM, TS, ISM |
| 7.5 | 产品与服务条款 | RD, TS, PI, VAL, CM |
| 7.6 | 测量设备的控制与监控 | VER, VAL, MA |
| 8 | 测量、分析和改进 | |
| 8.1 | 通常情况 | MA, QPM |
| 8.3 | 对于不按照标准设计的产品的控制 | MA, PMC, PPQA, OPF, OPD, VAL, VER |
| 8.4 | 数据分析 | CM, PMC, MA, RD, QPM, GP 3.2 |
| 8.5 | 改进 | PMC, MA, OPF, CAR |

表 1.4 显示的是 ISO 9001:2000 和 CMMI 最主要的共性。ISO 9001:2000 中的需求并未全部包含在 CMMI 之中,并且有些需求在彼此之间并没有详细说明。在有些情况下,CMMI 比 ISO 9001:2000 所提供的需求信息更加明确更加详细,反之亦然。

通常情况下,一个组织对 CMMI 满意,那么这个组织也会对 ISO 9001:2000 的标准满意。然而,保守的方法是通过追踪两者的过程元素来确保整个组织过程既满足 ISO 9001:2000 的需求也符合 CMMI 的目标。CMMI 和 ISO 的最大共同点是都有兴趣去探索一种评估的方法,使其既满足 ISO 9001:2000 的标准也同样满足 CMMI 的标准。

ISO 9001 审核整个组织的表现以确保其质量目标和实践过程相一致。审核认定的证明书中指明整个组织是符合 ISO 9001 标准的。一般来说,组织每 6 个月审核一次,3 年内换发证书。

## 1.6　敏捷开发模型

敏捷方法提供一套将开发和制造过程流水线转化为基础和关键组件的方法。组织必须在敏捷式需求和过程标准化所获得利益之间进行折中。本节回顾了敏捷方法以及它是如何与基于模型的过程改进和过程评估方案竞争或互补的[①]。

更敏捷到底是什么意思？玛瑞姆·韦伯斯特将敏捷定义为**能够更方便且容易移动的能力**。听起来很不错，但它并不是一个通常被用来形容软件工程的词。一些词汇，比如**可预测、经济效益和成熟度**，更常被用来描述软件开发过程的典型特点。

市场的迅速变化、客户需求以及新技术的发展会引发一种需求，即要求更快地提交应用系统，应对越来越模糊和可变的需求，以及面对不同来源的更大的不确定性和风险。这些风险来源于对底层技术了解的不完全、应用**现货的**（OTS）元件以及领域的挑战和权衡。敏捷思想始于完全经济学式的观点：直到系统运作开始，投资一直是毫无回报的。因此，开发者被迫以最少的投资开发系统，使消费者能够尽可能快地使用。另外，开发者要持续用最小的时间交付最大价值的系统升级。

传统智慧都集中于以系统过程改进（如 CMMI）为手段来解决软件密集型项目的质量、生产率、风险和进步问题。CMMI 在软件开发中施行了一套严谨的过程，目的是使软件开发更加可预测和有效率。这依靠于详细的过程。敏捷方法的赞同者也许会批评 CMMI 衍生过程的做法是一种官僚，他们认为有那么多的需求就会使整个开发步伐放慢，而现在整天的工作经常只是理解规则。

作为对系统过程改进模型的反应，在过去几年里出现了一批新的方法，尤其是在软件领域。一段时间里"轻量级"方法颇有市场，而现在公认的术语是"敏捷"方法。敏捷方法对许多人的吸引力在于它们对系统过程改进模型的官僚式感觉的反应。这些新方法尝试着在"无过程"与"过程太多"之间形成一种有益的折中，提供只与投入相适合的过程。开发者意识到交货周期短可使他们应对客户不断改变的价值标准。

敏捷方法发展存在的严重问题已经引起关注和批评：一个"砍"的借口是敏捷方法不能运用于大型项目，不能用于分布式组织，不能处理严谨的架构问题，客户和开发人员都不能按照这样的方式去工作。尽管这些批评中的每一个问题都能够被解决，它们还是成为了敏捷方法被接受的障碍。

敏捷联盟描述了敏捷开发方法的特性[②]。特性包括以下几个方面：

- 有价值的软件应尽早且频繁地投入运作
- 可应用软件的测试工作要最先进行

---

[①] 要了解敏捷方法如何在一个组织中使用并改进组织的过程，见 *Balancing Agility and Discipline：A Guide for the Perplexed*（B. Boehm and Turner, R., Pearson Education, Boston, MA, 2003）一书。

[②] 引自位于 www.agilealliance.org/principles.html 的 *Principles Behind the Agile Manifesto* 一文。

- 投资者和开发人员应每天一同工作
- 欢迎需求变化
- 为有明确动机的个体建立一个自组团队
- 用面对面交谈的方式沟通
- 避免不重要的工作
- 保持可持续发展步伐
- 经常关注好的构思
- 定期回顾和调整

简而言之，头脑中的一场深刻转变，将敏捷的发展从传统的沉重的计划和前期分析的方式中区分出来。就像敏捷联盟所表述的那样，敏捷的发展强调：

- **个体与交互**在过程和工具之上
- **应用软件**在综合文档之上
- **消费者的协作**在合同商议之上
- **变更的反应**在执行计划之上

当他们认可右手一边条款的价值时，同时更多地认可左手一边条款的价值。

敏捷开发视系统开发为一个学习过程，这个观念改变了传统的风险和利益权衡。例如，详细的长期计划被视为无用；在初期交付周期中，随着项目组中获知更多，细节（至少是）无疑将出现变化。同样，敏捷开发更倾向于使用频繁的、非正式的人与人（或者更进一步面对面）的交互而不是通过图形或文字文档。敏捷开发认为文档一向都不可能是全面的，而且不能维持适当的变动。基于 CMMI 的计划交付方法和敏捷方法都在实践中得到应用。然而，由于项目常有超出预算和日程的情况，需求往往不能得到满足；因此，这两种做法都不是使所有软件符合客户需求，提供优质、按时完工的法宝。但是，我们有理由认为，这些办法可以用来应对诸如顾客需求的改变、科技的加速演进、市场转换的提速，以及开发解决日益复杂问题的系统的需求。一个关键问题是它们如何相互关连，又在何时使用。

计划交付方法和敏捷交付方法都是解决与软件相关问题的方法。图 1.5 比较了三种办法：(1)与 CMMI 相关的按计划的交付部署；(2)敏捷方法；(3)削减（Hacking）。

在有质量需要的情况下，很多项目都可以从提高敏捷性和按计划交付的开发方法中获益（相对于软件 Hacking 而言）。这两种方法都关注于交付满足客户需求的系统和软件。当一个项目的规模和复杂程度（通过系统的需求数量、主要界面、业务科目、关键算法等测量）增长时，敏捷开发会变得更具挑战性。在这种情况下，按计划交付的开发往往是首选的开发方式；在这一领域里，CMMI 最为有效。

Boehm 和 Turner 指出：敏捷与计划驱动分析并非绝对冲突；在风险管理的基础上，它们可以视为一个连续实体的两端[1]。考虑图 1.6，该图来自 Cockburn 的一个相似图表。敏捷开发最适合小规模（少于 50 个开发者）、非重大的项目。另一方面，对较大或非常重要的项目，当物流项目变得非常复杂或者系统交付减少时，顾客对缺陷的容忍程度降低，都使大量的前期计划和分析利大于弊。

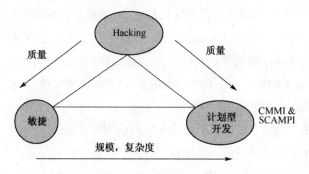

图 1.5　敏捷、CMMI 和削减　　　　　　图 1.6　敏捷与传统开发的优势领域

然而，一项大型工程项目不必全部按照计划开发或者全部按敏捷方法开发。如果有相当多的经验和对复杂的系统要素的了解，或者非常重视安全和正确的操作，那么有扩展地计划和分析可能是最好的策略。更不稳定的和理解较少的系统元素应受到更敏捷的处理。相反，基于自身的规模和文化观来选择开发小组应用敏捷实践是个不错的选择。总体来说，使用逐步的方法很大程度上抑制了敏捷技术的益处，但对于完全无视敏捷来讲，它仍然是个进步。

综上所述，CMMI 可以应用于大型软件相关的类别。随着项目变得更加复杂和规模的增大，敏捷方法不太适用，包括在 CMMI 内的按计划交付的方式被经常用做首选的方式。目前，SCAMPI 受制于 CMMI，并且在评价那些使用敏捷开发方法学的项目时需要裁剪才能使用。

## 1.7　整合评估

前面我们回顾了 CMMI，Lean，ISO 9000，六西格玛和敏捷开发。很明显，运用这些方法并发现一条适宜的路径来处理过程改进、提高质量、满足客户需求和实现商务成功，这对任何一个组织来说都是一项复杂的任务。反思以上所述，特别是对各种评估方法路径的

---

[1]　Boehm and Turner, p.100.

反思,将有益于我们下面章节的讨论。在这里我们不去介绍各种方法的细节,主要关注的是整个企业在过程改进中的整合。

随着过去十年中管理实践的演进,商业组织已经意识到,如果想要成功,必须熟练地不断定义和重定义它们的方向和目标。组织的敏捷性已经成为成功企业的指导思想。企业必须开发一整套科学的方法学来度量企业本身的目标达到了什么程度。在 20 世纪 80 年代,对美国竞争力的关心引导许多美国公司更关注于产品质量。引人注目的三个"质量界的领袖"是 W. Edwards Deming, Joseph Juran 和 Philip Crosby。引述 Deming 的话:"过程的改进增强了产品的均一性,减少重做和错误,减少人力、机械运作时间和资源的浪费,因此可以用更少的投入提高产出。质量改善的其他收益还包括成本的降低……员工享受在更好工作环境中进行竞争的快乐。"[①] 传统的绩效度量多用来显示财务绩效、操作效率等。然而,这些传统的措施不能恰当地描述进展,包括在完成行为转变方面和表现广泛的改进策略的效力方面的进展。为此正如我们所看到的,多种评估工具已经出现,目标盯准持续改进策略的实现。

评估过程已被植入一些过程改进框架和模型中。如果一种评估方法涵盖了过程改进模型的范围,那么与过程改进模型实施关联的内容和过程改进框架关联的内容则是相似的。一个企业里面的大多数组织已经在组织的水平建造一个过程的基础设施。在系统内各部分保持一样的同时,当在企业级别开发基础设施时,新的挑战也就随之而来了。过程改进模型可能在企业水平交叠;因此,如果不同的评估模型被使用,对于同一实践就可能会有多种评估方法。为了解决这一个问题,过程架构应运而生。针对一个标准过程,过程架构描述过程元素之间的顺序、接口、相互依赖及其他关系。同时过程架构也描述过程元素和外部过程之间的接口、相互依赖和其他关系(比如合同管理)。

要扩展商务市场并改善质量、生产力、可预测性和费用,企业需要定义并改良产品过程,使之与一个或者更多的框架一致,以期解决不同过程框架之间的不同。这意味着,鉴于框架的局限性和关注点的不同,企业交错开发使用多种过程。工程领域开发的框架(例如用于软件的 CMM, EIA 731 和 CMMI)更符合他们的领域需求。企业在合并和获取这些有益于组织的相同框架时存在着过程的重复。

整合的框架目前被开发用来使一些特定领域的框架得以相互结合。除了 CMMI 之外,还有(美国)**联邦航空管理局整合能力成熟度模型**(FAA-iCMM)。CMMI 和 iCMM 鼓励企业中各组织间的过程集成。虽然每个框架提供了较宽的适用范围,但是没有一个能满足那种需要均衡这些框架的要求。

---

① 摘自 Deming 在卡内基-梅隆大学 SEI 介绍软件 CMMI 的演讲。

　　对更宽框架的了解,以及对企业维护独立并行过程的高花费和低效率的认识,使很多企业更倾向于开发一个集成的适应多种需求的过程。然而,转到企业范围,整合多个过程是一项高度复杂的事业,有很多组织、管理、业务以及技术问题。

　　基于类似 CMMI 的整合模型的过程改进不能单独意味过程整合的存在。需要开发的是一个源自业务目标的整合多适应过程的策略。图 1.7 说明了建立该策略的步骤。每一步骤描述如下。

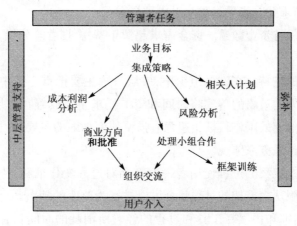

图 1.7　建立策略

　　**量化业务目标**。企业业务目标构成了评定完成多适应过程的整合带来的量化利润的基础。这些目标在决定企业范畴方面能起到帮助。

　　**定义企业的多适应过程的整合策略**。企业定义策略,在企业里面把框架映射到各个组织,定义整个企业的过程整合的程度。策略包括每个组织应完成制定框架的时间表。

　　**执行策略的费用-收益分析**。业务案例分析将策略的花费与利润转化为 ROI。企业使用这种技术可以精炼策略。

　　**定义和分析危险**。企业定义关键风险,这些关键风险与贯穿企业发展中的整合过程有关,同时给出减少这些风险的指导策略。

　　**开发干系人合作计划**。在这一计划中,企业确定所有干系人和企业各组织间合作的计划。计划也详细说明在整个过程中的定期交流方式和正在进行的交流方式。

　　一个评价的范畴(如系统和软件)覆盖多个领域时,与单一领域的评估相比,它的复杂性和风险性必然增加。对多适应过程的整合方法包括了与任何大型过程改进意图相似的风险。在常见的过程改进风险中,关于在多适应过程整合计划中高概率和高后果风险问题,我们会在后面的段落中详细介绍。

**保持高层管理人员的参与和资助**。通过各种努力保证这种参与和资助的可持续性是十分必要的。如果高层管理的讨论和加入不再被视为优先级的，企业也就不再看重这些努力了，其结果往往导致失败。为此在某些领域高层管理人士的参与要作为一种必需，且把这种参与和支持昭示整个企业是降低风险的一个关键。

**过程小组成员间达成可持续性协作**。在一些已经确定学科和框架界限的多适应过程小组的企业中，他们会对迁移到一个整合过程表现出强烈的抵抗，这时就需要管理层了解利害关系，积极地请求并与指导过程小组成员合作。

**通过各中努力保持资金数量**。资金需求起源于费用-收益的分析，而且能根据产生的效能予以跟踪。

**征得中层管理的支持**。在许多组织中，中层管理主要把重心集中在满足计划费用和时间进度上。企业架构策略的落实将时间和资源需求主要放置在中层管理上；而这些需求又时常被认为和他们的工作目标相违背。强调他们加入的重要性可通过引入企业框架作为衡量他们的工作任务来体现。

**创造用户买入的流程**。过程使用者一般都会对过程变化抵触，特别是当他们没有感觉到附加价值时。服从多框架的过程整合可以被视为改变的理由。过程用户们之所以反抗变化，主要源于培训和积累新工具和过程的经验所消耗的时间。有一些方法可以减少这些危险。一种公认的方法是在需要进行过程定义和重新定义时，让过程使用者的组织里面有影响力的人一起参与。高层管理赞助和干预的认知可对这种重要性增加信任。

**保证不同组织间的相互理解**。企业越大、越不同，建立沟通和整合就会越困难。缺乏彼此了解常使相互业务停留在讨论异同上面，这减慢了整合的过程。只要有可能，更多具有丰富经历和知识的人员加入过程小组可以减少这个风险。

**获得多种框架的知识**。多框架的专长时常限制在一个框架中。因为企业框架策略需要几种框架的互补，要确定过程需求不在几种框架中相互抵触，就需要具有对企业框架中所有框架的了解。缺少对企业框架内所有框架的知识和经验，延迟和错误就不可避免。如果企业里缺少理解多框架的专家，企业应选择寻找外部帮助来提供过程指导，以满足多重框架的实施，并为包括努力工作的人士在内的过程小组提供框架培训。

**分析现有的商务方向以及承诺**。现有的承诺和方向可能引入一些与资源可用性和时限相关的额外风险。在有些情况中，这种风险可能会增大对整合过程的限制。在一些情况下，决定策略识别出的时间框架是否需要修改或者方向是否需要修改，最高管理的分析是很必需的。

以上所述为经常出现的风险。规模、多样化商务模式和分散式布局对一个企业来说都有可能会造成风险与危害。所有风险都需要在过程转变的努力中得到识别、分析、检测和控制。当风险概率较小时,企业可选择限制商务范围或者推延一些活动,可能的话,甚至可以延期到低危害风险已经实现。**风险管理计划**(RMP)就是管理风险的一个典型手段。

## 1.8 小结

在本章中,我们详细讨论了评估策略,回顾了 CMMI、精益管理、六西格玛、ISO 9000 和敏捷开发,并且以反思整合企业内业务过程的策略作为结尾。CMMI 仅仅是一个组织的过程需求的来源之一。过程的构建应该满足各种用户、应用标准和已选用的过程改进模型的需求。在阅读后面的章节,学习更多 CMMI 和 SCAMPI 评估方法时,读者应始终牢记的是,如何将 CMMI 提供的东西更好地应用于所在组织的过程改进的大背景中。

# 第二部分  SCAMPI 评估

餐具准备就绪,客人已经就座,如果你让客人们等待时间太长,就会听到这样的问题,"牛排在哪里?"。如果菜单是海鲜食品,则可能听到这样的问题,"虾在哪里?"不管何种情况,长时间地让客人等待,都会使他们急躁或者厌倦。同样,当读者拿起一本关于过程评估的书时,作者不应该让读者花太多的时间找出书中的主题。在第一部分"为什么现在需要 SCAMPI"中,我们介绍了过程评估方法的菜单,现在我们将详细解释 CMMI SCAMPI 评估方法,以期使读者掌握适合自己组织使用的评估方法与方式。

## 第二部分内容

### 第 2 章  SCAMPI 方法的新特性

简要介绍 SCAMPI 评估的新特征,比如验证和关注调研。

### 第 3 章  SCAMPI A 类方法的定义

详细介绍使用 SCAMPI 的"A 类"方法准备和运作 SCAMPI 评估方案,根据 CMMI 模型定义的成熟度水平和能力水平评估所分配的等级。

### 第 4 章  SCAMPI 的 B 类和 C 类评估方法

B 类和 C 类没有那么严格的要求和昂贵的成本,它们被用做开发过程改进计划,同时也能为进行全面的 A 类 SCAMPI 评估做准备。

### 第 5 章  用于内部过程改进的 SCAMPI

本章主要面向那些用 SCAMPI 来改进内部过程的组织,着重强调这种方法某些方面的基准,包括准备、评估小组和评估时间。

## 第 6 章　SCAMPI 应用于外部审核

当 SCAMPI 用于外部审核或者评估时，包括政府资源选择、供应商选择、合同监控等情况，会有一些连带问题产生，对这些新问题需要引起关注。

# 第 2 章　SCAMPI 方法的新特性

"蒜味大虾"是一种仅包含少量 CMMI 过程域的评估方法。

"蒜味鸡肉"是一种评估领导者来自于被评估组织中的一种评估方法。

在本章中,我们简短地回顾一下推动 SCAMPI 评估方法发展的一些主要因素。有些读者可能对已有的评估方法有了一定的了解,像 CBA-IPI 和 EIA 731 方法,这将有助于你了解 SCAMPI 评估方法。对于想更加深入地了解 SCAMPI 评估方法的读者,理解这些主要因素能够使你知道事情的来龙去脉以便更好地使用这一方法。

## 2.1　从发现到验证

整合的 CMMI 模型结合了三个原始模型的内容;这些学科领域包含了软件工程、系统工程和集成产品过程开发。因此,毫无疑问,这个覆盖了三个领域的综合模型,比任何一个单独的逻辑模型都要庞大。因此就比用单一评估方法审查面多。开发"过程改进的标准 CMMI 评估办法"(SCAMPI)的一个主要目标是保证源评估的质量,但同时还要保证 SCAMPI 的评估代价比这三个单独源评估的代价之和要低。产品开发团队评估采用的几种方法来衡量扩大 CMMI 模型的大小,其目的是为了保证代价在合理的范围之内,同时维持严格的基准评分能力。这两个目标之间存在着矛盾,就像跷跷板的两端,如图 2.1 所示。就 SCAMPI 的发展阶段和目前现状来看,保持这两个目标的平衡性是一项艰巨的任务。

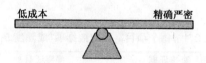

图 2.1　平衡低花费与精准评分

在软件 CMM 中应用的 CBA-IPI 价格评定方法,被视为严格的基准方法。然而,它基于一个指定团队找到的证据,以此证明该模型的目标是否确实被满足。这是一个费神费力的过程。团队负责找证据,通过查看文档和会议来证明每个活动都令人满意。CMMI 及其评估方法的开发者认定如果按照 CBA-IPI 那样,找出所有 CMMI 目标满意的证据,要比使用 CMMI 方法花费的时间多得多。

　　另外，有人认为 CBA-IPI 方法掺杂了太多的变量。即使在同一个组织中，不同的 CBA-IPI 小组在关于模型目标是否满意的结论上取得一致认可的可能性又有多大呢？CMMI 的开发者认定评估裁决的一致性是新的 CMMI 评估方法的一个重要目标。他们的努力是开发一个低成本的基准方法，以使不同的 SCAMPI 团队达到尽可能相同的裁决结果。

　　面对这些挑战，解决的根本是建立一个查证评估方法，而非用于发现的方法。使用查证评估方法，被评价的组织有责任提供从模型目标和实践到使用过程所产生的可跟踪的信息。然后评估小组证实该组织提供的每个实践的信息是否有效。这种方法可以减少评估小组的工作量，同时又保证 SCAMPI 评估的简单或者敏捷。进一步减少维护这种方法的基准评分功能的花销仍是面临的一个挑战。

## 2.2　关注调研

　　对于 CMMI 来说大量的客观求证是必要的，这取决于 CMMI 模型的规模、涵盖的领域和 SCAMPI 方法的规则。有效评估需要有效的数据收集和管理策略。关注调研被用来跟踪评估小组的工作情况，并根据评估范围内模型实践需要的数据来为评估小组该做的事情排出优先顺序。评估小组须坚持不懈序地牢记下列问题：我有什么样的数据？我还需要什么样的数据？我将要怎样收集这些数据？如果组织已经做好适当的准备，评估小组在证明过程中所做的工作将要容易得多。组织如何来处理这些团队审核过程所必需的大量数据？

　　让我们来看看用 CMMI-SE/SW/IPPD/SS 三种评估方法来评估一个组织所收集和审核的数据数量。分阶段表示模型有 185 个特定实践。每一特定实践至少需要一个直接的数据项证据[①]。有些实践可能需要的更多。这个模型在第 5 级成熟度上有 25 个过程域，所以对于每个过程域的每个共有实践，共有实践直接证据可能至少包括一个数据。表 2.1 总结了每个项目的数据数量。

表 2.1　每个项目需要的数据项（成熟度 5）

|  | 直接证据 | 间接证据 | 合　计 |
|---|---|---|---|
| 特定实践 | 185 | 185 | 370 |
| 共有实践 | 300 | 300 | 600 |
| 合计 | 485 | 485 | 970 |

　　评估小组同时为每项实践寻找间接证据或者证言。为了降低没有达到期望的成熟度

---

① 查阅 3.3.5 节中关于 SCAMPI 评估中直接与间接证据的讨论。简单地说，如果你按照菜单准备一道菜，那么这道菜本身就是准备和遵循菜单的证据，而原料和菜单的一份食谱副本则是间接证据的例子。

级别的风险,我们假定这个组织和项目为每个实践至少收集一个间接证据的数据项(尽管这并不是 SCAMPI 方法所需要的,被评估的组织向评估小组提供所有实践的间接证据数据项目可能感觉会更安全些)。这使评估所需要的数据总量增加了一倍。

这能使单一的项目增加至少大约 1000 个数据项目,从而三个项目增加至少 3000 个数据项目。实际上,可能需要更大数量的数据项目以保证评估小组能够为每个项目检验其每个实践。例如,一些实践是混合的,单一的数据项目可能不能满足评估小组的验证需要。我们拿 GP 3.2 作为例子:**收集工作产品、度量标准、测量结果以及在策划和执行过程中的改进信息,以此支持该组织过程及过程资产未来的应用和改进**。创建一个过程工作产品(process work product)为此显示对此过程域的期望可能是困难的。而更有可能的是,在过程资产图书馆、报告和经验学习中,将会需要一个度量库输出和示例工作产品(example work product)。在一个评估范围内每个特定实践(PA)都需要这个共有实践(GP)。增加这些数据项目和它们的间接证据的项目,将会使每一个实践所需要收集的数据项目很容易达到 1500 ~ 1700 条。这导致为了进行成熟度等级 5 中的三个项目的评估,将需要收集和验证大约 4500 ~ 5100 条数据项目。

一个不可否认的结论是,管理数据项目集合和大量数据项目的表述,对于一个组织以及它的工程项目来说是一项重大任务。

然而,我们应该注意到,这些数据项目反映了该项目或组织的运作结果。因此,一个高成熟向等级 5 进军的组织不需要去创建这些数据项目,而是仅仅需要找到它们。这是一些工作产品的集合,它们是该组织自然产生的结果,它的项目遵循着它们已定义的过程。而作为一个任务仅仅是要把数据组织起来,并把它映射到模型实践中去。虽然这仍是一个重大的承诺,这种努力的一个附加值则是在整个项目和领域分享所取得的经验,这些经验将能够支持对未来过程改进的努力。

请记住,不必为每个实践要求间接物件,大多数情况下,确证直接物件会更加高效一些。

有些组织使用硬拷贝存储每个数据项目并且为这个图书馆创建多种索引。这在 CBA-IPI 评估中是一种常见的做法。然而,CMMI 对大量的数据需求正在驱使着自动化库和在线链接数据项目的需求的发展。有些组织已经构建了这种数据库,这些数据库可以提供包含数据项目的服务器或者网站上的文件的链接。其他一些组织创建了可以控制对相同类型信息进行接入的网站,也有软件开发公司和顾问组织向他们的客户提供使用的相应工具。

## 2.3　EIA 731 模型用户

EIA 是 Electronic Industries Alliance 的缩写,即美国电子工业协会。EIA 广泛代表了设

计生产电子元件、部件、通信系统和设备的制造商以及工业界、政府和用户的利益,在提高美国制造商的竞争力方面起到了重要的作用。EIA 731 是该协会的一个过渡标准——系统工程能力模型(Systems Engineering Capability Model,SECM)。

EIA 731[①]　**系统工程能力模型(SECM)**的评估方法和 CBA-IPI 方法在有些方面有很大的不同,但是在另一些方面,它们还有非常相似之处。如果你听过一组 EIA 731 评估人员的报告,你将会听到他们谈论关于调查问卷、采访和焦点域的等级。而 SCAMPI 评估人员谈论的是文档评审、谈话、过程域能力等级或者成熟度水平等级。EIA 731 是一个初步的评断过程,而不是一个探索过程或者验证过程。EIA 731 方法用调查问卷的形式收集数据。小组评估调查问卷,然后采访参与者以期了解到调查表中所触及的部分。下一步,他们评估焦点域中的实践并将数据反馈至相关主题和焦点域中。

一些 EIA 731 的评估特性已经与 CBA-IPI 方法结合,用于定义 SCAMPI 方法。然而,SCAMPI 方法比 EIA 731 方法更接近于 CBA-IPI 方法。其中一个原因是 EIA 731 方法不是为了第三方评估或基准评估而写的。而 SCAMPI 的一个需求正是用于这个目的。事实上,EIA 731 方法声称自己不用于此目的(如 LESAT,见 1.3 节,"过程评估策略")。在评估中执行的基准评估比 EIA 731 提供的方法要求更严格。另一方面,EIA 731 方法提供了 SCAMPI 方法的评定特性。

EIA 731 评估的步骤和主要输出与 SCAMPI 是相同的。在 EIA 731 中,评估步骤被称为准备、即时和后期评估,而在 SCAMPI 中则被称为评估计划和准备、执行评估和报告结果。在各项步骤中最大的不同在准备阶段。在 EIA 731 准备阶段中,参与者填写调查表、参加采访和回馈谈话。而在 SCAMPI 的准备阶段,被评估的项目为评估的范围之内的每一个项目实践都准备了客观的证据。这是一个非常昂贵而且费时的活动。对比这两种方法,EIA 732 方法的花费更低而 SCAMPI 方法要求更严格。

发现结果和一个定级报告是这两种方法的主要产出品。EIA 731 形成的定级报告侧重于能力,图 2.2 是 EIA 731 的一个例子。而得分方面也是 SCAMPI 的一个侧重点。在得分方面的一个关键不同是,EIA 731 方法中的焦点域已有部得到满足。图 2.2 中的焦点域的得分能力可以在 1.5,2.5 等,而 SCAMPI 必须满足所有的能力等级。

SCAMPI 方法提供了一个非常好的机制来处理部分满足(更具信息性)的图表,即通报其实践、目标或者过程域的级别。但是这个级别的制图还没有完成,信息可以在发现结果的报告中获得。一个组织在评估小组离开之后可以创建这样的图表。图表方法的优点在

---

① EIA 731 评估方法是由政府电子和信息技术委员会(GEIA)的 G47 SECM 工作组开发的。

于组织机构可以一眼看出不足是什么。当然,如果一个组织要求一个成熟度等级,它仅仅得到一个具体的数字就可以了,而根本不需要什么图表。

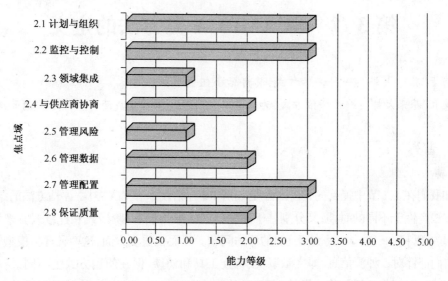

图 2.2　EIA 731 示例图

---

**概况应用**

　　**澳大利亚国防部**(AMOD)在他们的采购选择过程中用概况(profile)这个概念代替了成熟度等级。正如一家公司尽可能有效地创建 profile 去迎合他们的商业需要,AMOD 用这些 profile 去满足他们的获取需要。这允许他们期望在关键领域获得高能力,而不是在那些非重要领域得到这种获取。

---

## 2.4　小结

　　SCAMPI 的作者已尽力去实现成本与方法严格性的平衡。SCAMPI 是从软件 CMM 的 CBA-IPI 方法和 SECM 方法中发展而来的。这两种方法中,一种非常严格,而另一种注重成本效益。基于验证数据而不是发现数据的 SCAMPI 评估方法,已经(部分地)实现了这种成本和严格性的平衡。这种方法的一个结果就是,组织机构有责任去提供大量的数据给评估小组,以便他们去审核。描述一个数据从被评估的组织关联到模型的传递途径就是实践执行指示描述(PIID),PIID 和 SCAMPI 的 A 类方法将在下一章讨论。

# 第3章　SCAMPI A 类方法的定义

梅干"蒜味大虾":一种评估方式,其评估小组成员业已退休。

豌豆"蒜味大虾":一种评估方式,为软件工程和系统工程生成两种截然不同的等级级别。

## 3.1　背景

如我们在1.1节中提到的,SCAMPI是CBA-IPI评估技术和EIA 731-2评估方法的结合体。这些方法产生于不同的时期,又分别基于两种不同的架构模型(阶段式和连续式),来解决两个不同的学科领域(软件和系统工程)的评估问题。然而在很多方面,这两种评估模型非常相似。它们都针对3种源信息,即文献事实、调查工具和访谈,但在使用方式上不同,强调的重点也不同。它们都包括评价结果的过程,以及从被评估组织对这些评价结果的反馈;它们都提供评估小组必须遵循的如何寻求结论的"路线准则"。然而,每种方法又都有自己的不足。SCAMPI的作者们在结合这两种方法时采用了两者中的最佳做法,创造出了一个更有效率和更高效的方法。

创造SCAMPI方法之前,CMMI团队开发了一个名为**CMMI 评估需求**(Appraisal Requirements for CMMI, ARC)的文档,我们曾在1.2节中提及过。ARC包含基于CMMI模型的评估方法的基本需求和设计标准。在很大程度上讲,ARC以驱动CBA-IPI方法[①]的原始**CMM 评估框架**(CAF)为基础。ARC区别了3类评估:A类、B类和C类。在本章中,我们着重关注SCAMPI的A类方法,它最为严格,允许评估小组分配能力和成熟度等级级别。第4章"SCAMPI的B类和C类评估方法"则介绍SCAMPI中较不严格的B类和C类方法。

最初的SCAMPI版本1.0与CBA-IPI非常相似,都有一个附加的结构式工具,以为书面文件同时也为在工程中逐一输入的实践活动进行准备。在开始试用阶段,这种方法被证明很烦琐。虽然它是严格的,并且有着很好路径取得实证,但并非高效率的;评估将持续3周,被评估组织要耗费2000小时以上的时间。为此在SCAMPI方法的版本1.1中发展出一套新的要求,用它在评估一个3级的成熟度时,耗时可不要超过2周100小时。虽然这曾

---

①　Masters, S., and C. Bothwell, *CMM Appraisal Framework*, *Version 1.0* ( *CMU/SEI-95-TR-001* ). Pittsburgh, Software Engineering Institute, Carnegie Mellon University, February 1995.

是 CMMI 指导小组规定的要求,开发这一方法的小组发现它并不能直接针对总的评估时间,而通过将同样的工作移到正式评估之前的准备阶段去做来减少正式评估时间,并不能达到真正的目标。结果是,被评估组织把注意力集中于评估小组。试运行表明,采用可选措施来进一步减少评估时间,可以减少总评估时间的 25%。但是,就像汽油千米数那样,你的成本可能随着客观条件和驾驶习惯而有所变化。

在很大程度上,SCAMPI 版本 1.0 评估的长度归咎于这种方法的历史。在 CBA-IPI 创建之初,被评估组织一般还不太成熟。他们要弄明白的是评定等级究竟意味着什么。对成熟度为 2 级的评估应不能依赖该组织提供一个准确的评审。在应用 CBA-IPI 方法中,是假定该组织并不知道他们处于什么阶段。而即使他们认为他们知道,那也是不可信的。文档是好,但是如果能直接从实际操作中获得信息将会更好。在不太成熟的组织中,采用约见第一线工作人员并请他们畅谈的方法能够带来大量的信息反馈,并且能够增强评估小组的信心,因为评估小组可以对这一组织获得足够精确的了解。

初始的评估大多是在成熟度第 2 等级,取决于是否包含子合同项目,使用的软件 CMM 的过程域也就是 5 个或 6 个。在成熟度等级 3 中,也仅有 13 个过程域。而且,这一评估局限于软件学科,收集的数据的数量也受限于工程组织的那一部分。有一种方法在这种环境中奏效,这种方法十分依赖于访谈以及从记录中收集的观测信息,而这些记录在访谈期间由评估小组成员记载。观测结果可以不太困难地收集、排序和分析。

当 CMMI 作为一种方法采用之时,有三个主要事态发生了变化:这个模型已经充分成熟,这一评估方法已经涵盖了多个学科,被评估组织也已经更成熟了。像软件 CMM 一样,CMMI 中的成熟度等级 2 也只包含很少的过程域。但是,CMMI 成熟度等级 3 中有 18 个过程域,如果你的评估范围包含了集成产品与过程开发和供应商资源的成分,那么过程域的数量将会更多。在软件学科,成熟度等级 3 通常是一个最低的要求,成熟度等级 5 目前还不常见;其他学科领域也正在加入并逐渐加速。

在一个成熟度等级 3 的组织中,评估过程中被访谈的在职工作人员往往并不会说很多;与一个成熟度等级为 1 或 2 的组织内的团队常常抱怨很多形成鲜明对照的是,成熟度级别为 3 的组织中的团队由于了解事情的进展情况而可以给出简短的答案。因此,一个评估小组如果主要依赖于从这样的访谈中获得的记录,则可能得不到他们想要的信息。评估小组提出有建设性的必答问题就会有所帮助,但是要想了解所有的事情,这个访谈就会十分乏味。相反,提出一些基于从证据复查中获得的相关质询将会取得更好的覆盖面和关注的焦点。

像我们在本章后面的 SCAMPI 计划一节(见 3.3 节)的讨论中将要看到的一样,一个成熟度等级为 3 的组织应该在 SCAMPI 建立之前就应该知道他们所处的位置。这是 SCAMPI

的一个基本前提,它允许从在 CBA-IPI 中使用的"探索发现"方法到验证的主要转换,这一点我们在前面的 2.1 节中已经描述过。

这种模型架构的微妙之处使得 SCAMPI 方法获得了一个额外的驱动力。在软件 CMM 中实践和目标的关系不是很紧密。在附录中有一个映射,但是软件 CMM 中的实践经常被映射到不止一个目标。这是由于实践状态中一些混合性的要求造成的。相反,EIA-731 的结构把实践与"主题"独特地相互绑定,这个主题的概念粗略地等同于 CMMI 中的目标。这种集成 CMMI 模型沿用 EIA-731 方法的做法,通过分离这样一种实践状态,使每一个实践与唯一的目标对应。基于这种证据复查的更加结构化的方法,以及在进行访谈前获得状况清晰图景的能力,就可以获得一个更加结构化的评级和评分的逻辑。

SCAMPI 的另一个特点是其详细的**方法描述文档**(Method Description Document,MDD),这正是 CBA-IPI 方法所缺乏的。该文档说明了 SCAMPI 级别 A 方法定义的缘由。SCAMPI 版本 1.1 提供了一个评估过程的全面的、可公开的定义。它清楚地说明了什么是必需的,什么是可以裁剪的,什么仅仅是指导性的,这些都在 MDD 的关于必要的实践、参数与限制、可选实践和实施指导的部分中。另一个变化是 SCAMPI MDD 被公认为规则手册。在过去,CBA-IPI 方法的变化依赖于为评估领导者所提供的培训的变化。SCAMPI 的变化必须依赖于 MDD 的变化,通过公共和受控的 CMMI 来改变评估过程。

当 SCAMPI 由外部评估小组来执行时,尤其是在一个资源选择环境下,SCAMPI 的裁剪选项可以对这一方法进行调整。这些选项来自于**软件能力评估**(Software Capability Evaluation,SCE)方法,该方法可用于软件 CMM,并且能在一个合法竞争环境中反映出实际的多个投标者的评估情况[①]。这种调整在第 5 章"内部过程改进的 SCAMPI"和第 6 章"外部审核的 SCAMPI"中提供的两种象征性的时间表中显而易见。

## 3.2  SCAMPI 过程执行指标说明

对于基于验证的 SCAMPI 的变更来说,有一个既有用又对组织和评估存在风险的关键概念。这个概念是**过程执行指标**(Process Implementation Indicators,PII)和**过程执行指标说明**(Process Implementation Indicator Descriptions,PIID)。这些指标的有用之处在于它们可以鉴别过程实施的可用产品,而危险之处在于它们会致使评估呈"清单心态"(checklist mentality)。

PIID 的基本概念最具价值之处在于它可以作为一个传介物去对执行过程是如何在工

---

① Byrnes, P., and M. Phillips, *Software Capability Evaluation Version 3.0 Method Description* ( *CMU/SEI-96-TR-002* ). Pittsburgh, Software Engineering Institute, Carnegie Mellon University, April 1996.

程和整个组织中进展的保持警觉①。通过维护一些产品过程结果的记录和寻找重要记录的地方,该机构可以监控现行的应用。当这与产品、过程监测和过程测量联系在一起时,过程组就能公正、清晰地了解过程的进展情况。

在准备 SCAMPI 时,这种知识会使评估领导者的生活更轻松些。因为该组织能显示出哪个工程在做什么,存在哪些证据,以及这些证据存在于何处,为此负责人能更容易地看到整个机构的场景。针对生命周期覆盖面和专门物证的项目选择成为一个选择任务,而不是一种"带我摇滚"练习。

评估负责人能够看到新过程在哪里会有执行风险,在项目文献物证中新过程的开始使用是不可用的。如果过程组能认识到进展状态并且能识别过程将产生证据的时间,评估负责人和机构就能更好地做出评估安排。

本书附录 B"实践执行指标描述"中提供了 PIID 示例,其目的是用典型产品例子来为个人实践提供证据。PIID 的使用在 7.2 节中有更多的细节。每个组织都需要确定其过程的适当产物,并适当裁减这些概念来适应他们自己的情况。

同样,评估负责人可以在哪一个产品能准确反映一个特定实例的实施中有自己的选择。

PIID 的不足在于这些预定的指标可能变成一个清单。他们将使人误认为模型中列出的典型工作产品是必需的,而事实当然不是这样。在我们提供 PIID 样品的同时,这一点一定要注意。

## 3.3　执行前的准备

进行 SCAMPI 评估是一个非常复杂的操作,同时 SCAMPI 方法侧重于全面的计划和及时有效的准备工作。图 3.1 表示了在 MDD 中确认的**计划和准备评估过程**。MDD 提供了整个流程中的每一步活动的清单。

能否成功执行 SCAMPI 计划取决于是否拥有一个高质量的训练有素的团队、准备好的材料和物流支持。在计划及准备阶段,评估小组需要审查有关客观证据的知识和呈现,确认它的存在,这种证据是确认步骤而不是探索发现步骤的关键。这些事情不是偶然发生的,所以准备阶段对成功至关重要。

图 3.1 所示的计划和准备阶段有两个重要的输入。第一个输入是评估的一般要求。为抛开以鉴别评估对象为起点的需求分析过程,这种要求(和约束)是不可或缺的。第二个输入是初始的客观证据,这种客观证据也会影响评估对象的定义。

---

①　在 CMMI 模型中,在组织过程焦点(OPF)过程域中一个特定实践负责处理实现过程行为计划(SP 2.2)。PIID 在依照计划跟踪过程方面会很有用。

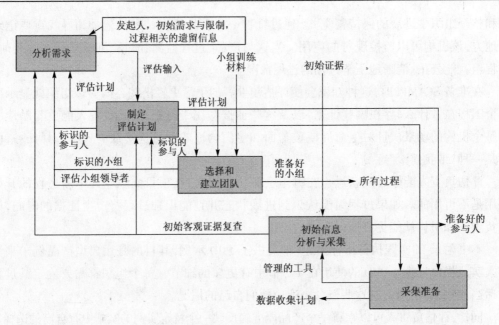

图 3.1　评估过程的计划和准备流程

### 3.3.1　为什么要这样做

在**需求分析**阶段形成的目标须回答这个问题。对于每个组织机构而言答案都会有所不同,但是总体来说,有三种使用的模型已经在 SCAMPI 中得到了验证。它们分别是内部过程改进、供应选择和过程监控。在 CMMI 还没有被认可作为一个资源选择工具时,它的潜在可用性即已被作者们意识到。把外部评估加入 SCAMPI 即是对此事实的认可。

在组织机构内部应用 SCAMPI 的目的应该是用来评估过程改进的发展如何,以及接下来的步骤。但是,有时候找个数来填充表格却成了真正的目的。如果一个机构对过程改进的执行有着明确的商业目标,那么它差不多已经接近了过程改进"频谱"的一端(译者注:这里两端是指前面提到的过程改进和找个数据来填表格)。当方式转移到"找个数据"一端时,评估小组的工作就会更困难一些。

其他可用模型是资源选择或者过程监控。资源选择评估可以是内部的,也可以是外部的,可以针对一个过程改进,也可以仅仅是"获取一个值"。通常,一个需求者可能要求供应商满足一定数值才能投标。这将冒着使关注点偏离过程改进的真正利益的风险,甚至从长远目标来看会使发展背道而驰。想使用 CMMI 和 SCAMPI 进行资源选择,而且仍然保持以过程改进为焦点,一种有效的方法是采取一个差距或者风险分析,这样既可以识别缺陷,又可定义改进方法来修补它们。评估的范围可以是一个指定的成熟度水平,或者是一个涉及到项目用户细节的过程域集合。这种方法也可以在监控一个组织机构的过程改进的合同中使用。

需要注意的是,SCAMPI 的 A 级非常严格,并且申请费用昂贵。一般来说,1500 小时是准备和执行一个 SCAMPI 3 级成熟度水平的下限。这个下限针对那些非常成熟的机构,他们非常了解其自身的状况,并且进入了确认模式。随着成熟度的降低,开销也会逐渐增大。SCAMPI 的作者们明白这一点,并且意识到那些没有达到 3 级水平的机构会遇到的困难。使用较少的过程域是一个 2 级 SCAMPI 减轻这种困难的因素。但是,除非是正式的评级,为了减少评估开销,我们建议成熟度较低的机构使用 B 级或 C 级评估,或者采用内部方法来建立初始状态或者测量进展。

定义目标的第一步是确认并在主办方和相关的风险干系方之间建立联系。评估方和发起方之间至少要有一种沟通,而且他们对于决定评估的确定的和不确定的理由有一个明确的认识。

除了评估方和主办方之外,另一个必要的相关风险干系方是现场协调人,以引导被评估的机构。作为协调人,他将引导计划的制定,指导内部的准备,给评估小组员提出建议(如果是内部的),安排物流,以至执行总体上的评估。这个人对评估的模式和方法越熟悉越好。然而,对该组织机构的了解,并知道它在过程改良过程中所处的位置是最本质的。评估方可以补偿前者的不足,但无法补偿后者的不足。

### 3.3.1.1　模型范围

评估范围两个主要的尺度是模型和机构。第一个问题是模型在多大程度上用于评估。第二个是机构的规模。对评估的深度来说这是两个至关重要的参数。

决定模型范围的基本方面包括过程域考核的数量及要考核的等级级别。这些因素关系到是否有必要在每个过程域中评定一个单独或个体的成熟度或者能力级别。

对于每一个成熟度水平来说,CMMI 描述了一组已定义的过程域和共有目标的应用方法。在这个范围中唯一有明显变数的牵扯在 4 级和 5 级成熟度水平上。对于 4 级和 5 级成熟度水平,定量管理的子过程必须予以界定并且不必包含全部。

对于能力级别,被评估的过程域可以是该模型的任何子集[①]。进一步讲,评估水平彼此可以完全是独立的。其结果也可能是多样化的,如图 3.2 所示。能力级别提供了查看过程域成熟的机会,同时也可对刚刚指出的过程域给予恰当的评估。该方法为满足特殊的

---

① 明智地使用连续模型,需要对多个模型元素中许多固有的分类关系有明确的理解。模型有很多子集可能会引出评估所用的粗劣选择。评估者可以帮助一个机构来了解这些关系。

业务需求提供了更大的灵活性。这样，一个从事需求开发或测试的机构就可以集中精力到他们最关键的过程。

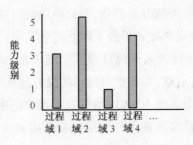

图 3.2    能力水平过程域

不管选择哪种路径，都应该避免陷入是选择使用阶段性还是连续性表达方式的长期争论中；都是一个 CMMI。两种表示方式的要求是相同的。在 CMMI 模型的连续表达方式中，附录 F 关于**对等阶段**（Equivalent Staging）的描述提供了成熟度级别评定材料的使用规则①。

既能提供成熟度等级又能提供能力级别评估的方法有多种。如果范围仅为成熟度 2 级或者 3 级，并且预计的级别已经达到，这种方法就变得既简单又多余。但是，如果目标没有达到，特别是在 3 级评估（或者 3 级以上）中，那么摘录就很有价值。只要有一个实践过程没有完成，成熟度级别就将回落到 2 级甚至 1 级。同样，对于在 17 个过程域的 3 级能力水平和在一个问题过程域的 2 级能力水平（或以下），其相同的结果也可以这样表示。

另外，在成熟度和能力 4～5 级之间还有一个潜在的混淆。一些原模型在过去的使用中并不够单独提供一组数字，但使用者想要的却是这样的数字。在这种情况下，让所有的过程域评估达到同一级别变成了一种通用实践。这在直到 3 级水平的评估中还都有效，也不会与成熟度级别评估有什么显著区别。然而，到了 4 级或 5 级就不同了，成熟度级别的评估就需要更多的信息。这个问题会在对等阶段的方法中得到具体解决，在对等阶段两种方法是相同的。

### 3.3.1.2    组织范围

准确地定义一个参加评估的组织机构并非易事。就像我们从前注意到的，机构可以是一个整体意义上的公司，一个商业单位，公司中有相似需求关系的部门，一个独立的项目，一组项目，或者是你可以想象出的任何组合。给出一个确切的抉择需要下点功夫。

---

①    有的将其（舌头在脸颊）称为"constaguous"方法。

在过去,被评估机构往往被限定为软件开发人员或者系统工程师。CMMI 带来了(因此是 SCAMPI 所要面临的)面对多种行业的新挑战。

只对软件行业的评估相对简单公正,通行方法是根据他们自身的过程成熟度分割出若干兴趣组。一个软件组可以有它自己的计划和培训项目、质量小组、配置管理等。评估相对有一个清晰的界标,团队也知道证据在哪里可以找到。

对于系统工程来说,评估范围就比较宽广,并且界标比较模糊。通常有一份系统工程管理计划,但是计划的范围会接近于整个项目的计划和项目管理的职责。很少有分离的性能或者配置管理功能。一个考核者往往采用这一方法:我不关心谁做这件事,我只关心它是否完成。

现在 CMMI 给软件和系统工程两个方面同时提供了一个 SCAMPI 评估的基础。但是,它的模型和评估方法并不提供如何计划和执行这一考核的细节。当 CMMI 的所有能量都得到应用,而且整个公司的硬件或者项目管理都被添加进来时,这就会变得很重要。有些选择很有价值并且已经得到了应用。让我们首先着手于系统和软件案例。

第一个最直接的方法是进行两个单独的评估。在计划和准备方面将有一些交迭,但对于 SCAMPI 这根本就是事倍功半。更进一步来说,它破坏了 CMMI 的鼓励过程综合的根本前提。我们可以遵循一个很好的规则:如果机构对每一个方面都有单独的过程,那么就用两个评估来分别覆盖这两个方面。但是,如果两方面的过程是结合在一起的,就可使用唯一的客观证据集合来覆盖两个方面,即只进行一个评估[①]。

CMMI 的变数在于以唯一的模式按不同等级为多学科应用。其结果不会有什么不同,因为评估人员仍然需要完成两个领域方面的证据需求。幸运的是,一些共同的过程域(比如一些有组织的过程域)应用于这两个方面(软件与工程),这样就减少了工作量。

但是,对于其他的过程域,为了保存两套账本不混淆,这种方法常被否定。

最直接支持 CMMI 意图的方法是将评估绑定在一个等级上。对于每个领域也许会有不同的文字产物,比如系统工程总体计划(Systems Engineering Master Plan,SEMP)和软件开发计划(Software Development Plan,SDP)。但是,这种方法允许系统工程将用户需要转译成需求文档(见需求开发,特定目标 1),允许软件增加在需求衍生中的参与(见需求开发,特定目标 2)。这也进一步推动了使用一个兼容软件和硬件的单独配置管理过程、一个单独的质量过程和一个整合的组织培训工作。

在许多案例中,机构更倾向于带有一个等级的混合式考核方法,但是面临的情况是:

---

① 唉,现实情况经常是,有些结合,有些分离。

与系统工程相比,软件行业的运作多是在不同的成熟度等级上(现在一般会比过去高)。如果区别 3 级、2 级或者更低,两种方法中最好的一种是单独评估或者单独评分。如果区别软件 4 级或 5 级和系统工程 3 级,就不必回到最初 1 级或 2 级的方法。一个混合式的评估可以解决到 3 级的所有需求,而对 4 级和 5 级的软件活动需要单独考虑。

### 3.3.2　需要注意的事项

对每一个评估来说,评估小组运作中存在着制约,风险必须得到管理。

#### 3.3.2.1　制约

评估者多希望评估能在全面控制下进行,但实际上评估只能视具体情况进行。被评估的机构常常会有其特有的影响因素左右着评估。外部制约也常常不可避免,比如说需要对一个建议进行准备,或者要满足某个合同的需求,也可能有一些内部约束会出现。内部目标对推进过程改进是非常有益的。但是,当它们变成管理动机的一部分时,将会有它们自身的生命周期。

评估小组将不得不根据项目的时间表来工作。在主要项目的复查时期或者部署阶段进行评估就很不适宜。分类的项目将限制数据使用的权限。选择一些能够拿到数据的团队成员可以解决这个问题,但是制订这个计划时必须明确你将不会自由地使用数据。

其他的约束包括假期、文化和工作协议。在法国,加班是受限制的。在新奥尔良,如果在 Mardi Gras 节进行评估听起来似乎蛮有意思(这是肯定的),但是它不切实际。

#### 3.3.2.2　风险

SCAMPI 要求必须确认并且减轻评估所带来的风险。此外,对于关键风险,必须制定降低风险的计划并予以实施。发起人必须对风险状态和减缓措施有详细的了解。

在进行评估时会涉及若干种类的风险。特别是使用探索发现模式,而且在低成熟度水平的机构中进行时,搜集所需要的实例将会面临更高的风险。如果一个团队缺乏经验,那么评估将面临效率降低的风险。当使用电子数据源时,存在链接失灵的风险。这些都可以在评估的计划和准备中得到处理。

遗憾的是,在模型的解释中存在一个真正的风险。在一个机构刚开始应用 CMMI 时会遇到怎样解释模型预期含义的问题。另一个问题是把模型应用到一个新的背景中,而这个背景中实践的应用可能和初始的构想不一致。让 SCAMPI 小组成员和领导使用早期的 B 级或 C 级评估可以有效地解决这个问题。如果出现了严重的解释问题,不要犹豫,马上通过电话或者邮件去直接询问 SEI,或者登录 www.sei.cmu.edu。

这里要提及的另一个风险是对于一个机构,或者在一个机构中,结果可能并不如预期那样。最好是大家都有一个合理的预期,并且将评估看成是过程的一种度量。但是,有些情况下,发起者将评估视为一个要么通过要么失败的情况,或者把评估的影响看得很重要。减缓这些情况的发生,首先要做的是在 SCAMPI 开始之前就对自身的情形有很好的了解,包括进行适当的 B 级或 C 级评估。在计划阶段,定义产品和准备完毕复查(见 3.3.7 节)需要额外留神。在评估阶段,所有将会影响等级的负面发现都要详细地记录。

### 3.3.3　记录文档

在 SCAMPI 评估的准备阶段,需要做大量的决策和安排工作是毋庸置疑的。其中有许多决定和安排对成功至关重要。为避免对关键点的误解或者是决策失误,**评估计划制定阶段的重点是提出一个被认可的计划**;这在**开始评估**之前是必需的。将考核计划目标、范围和输出的决策文档化是评估输入阶段的主要工作。物资等其他因素在整个操作和评估过程中也有很大影响。

#### 3.3.3.1　访察可度身订造的 SCAMPI

SCAMPI 的每项活动都有一个对确认和应用范围的可选性实践。为此在评估操作中,我们需要对可选择的事项给出一些确切的定义,例如,

- 是否包括作为客观凭证的有关陈述或示范,特别是工具
- 是否要求被访问者带来访察所需的文档
- 是否在访谈中使用录像或远程会议
- 由小团队或全团队来确定实例的水平
- 按项目报告调查结果
- 在最终的陈述中是否包含等级

由于它们中有些可能会受环境影响,因此取舍的决定应通过讨论来进行。比如这样一个例子,如果确定有人不会到现场,使用远程电话会议的决定则应尽早做出。那么评估计划中就应明确远程电话会议或者替身是否允许。

#### 3.3.3.2　所得是否是所付

疏忽这个问题,在**报告结果阶段**(见图 3.3)往往会引起一些诧异。必需的结果文档应包括评估记录、评估缺陷和评估报告。评估结果在一定范畴的不同评定级别是不可避免。至少,提交给承办方的这些报告应客观地包括其长项和短项。

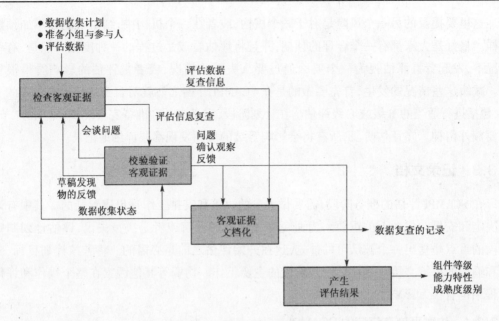

图 3.3　实现评估过程流

除此之外,还有其他一些可选择的结果报告,如成熟度或能力水平等级、特殊领域或者特殊项目的等级。承办方和评估负责人应该有专门应对这些风险和特殊情况的准备,不能在此类事情出现后在评估过程中途突然想要一个不同的报告或特殊的处理。

通过对实践层次的刻画可以展示更多的细节结果。在某些情况下,一个组织机构只希望特殊项目的评估结果或者等级情况。通常情况下这是不可取得的。一般来说,实践层次的描述得过于详细会导致陈述或报告用处甚微。如果确实有特定实践需要注意,那么将在对应过程域的发现中予以处理。事实上,这种要求可以从子任务中获取。

具体项目考评结果会将评估的保密性置于危险之中,并且不利访谈的公开性。在任何情况下,上升到 3 级或者更高等级的问题往往横跨多个项目,因而要在整个机构中处理。如果需要对特殊项目采取行动,本地小组成员应能够提供对此项目的关注点。

正式的总结报告并不一定是必需的,但应该提出。在许多情况下,最后的简报是除了那些强制性报告以外的唯一文档。拥有评估小组的文档是非常有价值的,这些文档至少提供了一些对于结果的解释,这些解释可以确保在评估小组离开后,真正的内涵不会被马上忘掉。评估活动也可能会扩展为行动计划。这个计划可以纳入未来 SCAMPI 的范围,也可以成为一个才华横溢的评估小组利用这些经验的一种途径。

其他可选择的评估输出包括团队对所观察到的结果的判断以及建议。利用专家组的专业意见不但有益且应成为时尚。特别是从机构外部的组员中获取针对机构问题的新建议会受益匪浅。

### 3.3.3.3　必备的基本条件

有经验的评估人员习惯面对众多资源，但新手往往不知所措。即使一个有经验的人员也要注意不要漏掉关键元素。SCAMPI 包括涵盖了资源、花销、时间进度和整体物资的相关活动。

评估的范围决定了谁以及何时参加评估。在评估领导人关注评估的项目中的典型的例子时，就需要考虑项目日程了。如果评估与项目的复查、测试或者发布同时进行，势必很难得到项目管理者的重视。

倘若机构准备进行全面的复查评估，项目小组必须是评估资源中最大的组成部分。如果小组被迫进入到探索发现模式，去自己挖掘需要的东西，不仅评估工作要延长，就连准备的时间都可能加倍。

详细的花费估算的需求可能会触及一些敏感的问题。大多数的机构并不急于发布与开销和成本比率相关的信息。然而要处理的事情需要在计划中予以定义，而且在内部预算时需要知道花销。

鉴于 SCAMPI 信息之多，我们在实践中需要使用工具。而且，进行达成评估小组一致活动时，我们也建议使用计算机投影仪。当大家看的是同样的信息时，就比较容易达成措辞甚至是含义上的一致。

SCAMPI MDD 定义了一个需要关注的后勤情况列表，甚至细化到外地参与者的宾馆招待和评估小组成员的食物问题。陪同问题也需多加注意。评估小组，特别是评估负责人应可以在无人陪同的状态下获取数据，并对相关数据的核查。这对于很多小型评估小组的活动和小组有效工作都会很有利。

## 3.3.4　团队共同努力

CMMI 的作者们在释译模型方面做了很多工作，然而在特定情况下依旧存在着可以讨论和争辩的空间。这就使得评估小组的**选择和准备**阶段非常重要。评估小组领导者不一定要深入了解某项业务，但必须对模型有足够的了解，才有能力在新的环境中采用这种模型。

负责人选择的另外一个关注点是这些领导者是否有能力在更多的领域给出模型的释译，比如需要把哪些制度化。对于那些习惯于短期软件项目的评估负责人，他们适应长开发周期的系统就比较慢。一般来说，评估领导者需要理解所缺乏的那些背景情况，以便确保评估小组可以跨越这些鸿沟。配备一名副手来为官方领导提供某专业知识的补充应是个明智之举。

尽管 SEI 制定了非常全面的项目来保证领导者的培训,但当要求领导者严格解释模型时,问题就来了。比如可能要求每个实践都有直接或者间接的文档,需要每个子实践都要提供证据,或者坚持看到所有标准产品。一个可能的解决方案是让另一个评估人员再多提供意见。无论何时,如果讨论存在风险,需要澄清时,不要犹豫,直接去问 SEI。这是保证高质量评估系统的一个重要反馈。

评估小组需要对从事的领域有一个广阔而且深入的理解。在一个成熟度 3 级的评估中,组员们的多领域宽阔背景将会大有帮助,因为评估小组不用单单依靠一个专家来解决多领域的问题。在多领域评估中,比如 SE/SW 评估中,评估小组必须有能力完全覆盖要评估的领域。

一般来说,使用某些领域的专家,帮他们学会模型和方法的需求,比使用模型专家,再帮他们学会把模型应用到一个特殊领域(比如配置管理)中更简单。不要过于依赖小型需求培训。教育理论告诉我们,学员只能记住不到 20% 的信息,而且在相对短时间内就会开始忘记。如果要培训大批的评估小组队员,除非很快就会应用,否则请牢记这一点。另外,培训可以介绍基本概念,却不能涵盖那些困难的决策所需要的深入理解。

要减轻这一问题所包含的风险,评估领导需要保证成员在评估过程中正确释译模型。这也是为什么除非是很小的评估,负责人不要成为下属某小组成员的一个原因。另一个方案是将方法培训和准备复查结合起来,并在培训中使用实际的审查产品。一个好的方法是使用度身订造的方法,在评估过程中临时进行方法培训。

### 3.3.5　获取证据

获取证据需要评估负责人决定评估的难度和需要探索发现事项的多少。一个对自身有充分了解的机构会很容易地将模型映射到内部过程,准确地知道什么过程使用在何处,也知道将产生什么文档以及将它们保存在何处。这会尤其显示在**获取并分析初步客观证据**阶段。实际上,如果一个组织准备充分的话,评估小组也能确认这种知识,计划过程就会变得相对简单。然而,当情况不是这样时,理解需要的证据和发现要检查的文档的时间就相对延长。这就是 SCAMPI 以**分析需求和制定评估计划**作为投入、以其活动结果作为输出的原因(见图 3.1)。

关于这一点,讨论最多的方面之一,同时也是接下来的处理产物的活动,就是区别直接和间接产物。如果你在粉刷房子,刷好的房子就是**直接产物**,原料收集和空罐子则是

**间接产物**,表示获得同僚赞许的便条也是间接产物。有些产物对于不同的实践可以起到这两个目的。比如,复查备忘录对于复查是直接产物,而对于被复查的东西,就是间接产物。同理,监控的直接产物也是计划的间接产物。

证据的另一个来源是工具,它是**客观事实收集准备**阶段的一部分。调查表的使用可集中在关于实践状态的通用问题或个人实践的细节调查。判断对错的问题没什么价值。调查表直接表明实践如何运作,并且将证据放入对评估小组有用的环境中。记住,PIID 列表也是一个工具。用于 PIID 解释上下文和证据含义的说明便条既可以提供信息,又可以用来判断。

工具是 SCAMPI 可以根据组织成熟度进行量身定制的地方。对于低成熟度机构,特定实践的问题表可以提供有用的信息。对于 4 级或者 5 级的机构,这种问题表的价值就较为有限。然而,用调查表来定量数据的实际用处仍旧适宜,提供的信息仍然有效。

包括 B 类和 C 类的评估方法的准备活动也是证据的好来源。某些准备活动的证据可能过于陈腐,然而,这些东西比重新抓取还是要容易得多。

任何情况下,在评估之前或者评估中,那些提供证据的干系人需要明白正在发生着什么以及他们的作用。他们不必是模型专家。模型语言和文件在任何可能的情况下都可以调整为领域内的专业词汇。培训这些干系人并让他们了解如何进行评估和成熟度的整体概念,不但十分有益,并能使他们在工作中保持正确的方向。最需要避免的就是由于语言的不同而出现的蹩脚的表述。

对语言表述的问题有一个办法可以帮助解决,那就是在文件处理之前,让有能够解答问题的人参与,或用小班讲解的方式对模型进行解释。当然,这在低级别评估时会比较频繁。

收集什么,访谈什么人,复查什么信息,以及采取什么方式,这些细节都是计划的最终产物。随着评估的进行,计划也应该更新,因为评估小组可能会鉴别需要的额外产物。典型情况下,请求的东西可能不是期望的,或者需要额外的证据。除了要复查的产物,额外的访谈也可以解决这些问题或者在访谈过程中出现的问题。更好的状况是,由于所有需要的信息都已拿到,访谈即可取消。

### 3.3.6　拼接问题

实现 CMMI 面临的一个问题,就是很多机构中项目生命周期长于过程改进和评估周期。一方面,把目前使用的进行了好几年的项目作为评估对象很普遍。对于那些在生命周期结尾使用新过程的项目,为了评估目的而回退重新执行前面的计划和需求没什么意义。另一方面,为短暂项目使用的评估过程很少,即便有,前期计划或者产品整合的证据很少能收集。

意识到这一点,SCAMPI 并未要求一个项目覆盖整个开发生命周期。为了应对这种挑战,被评估机构需要就项目内部过程的细节与评估负责人进行沟通理解。有些机构已将他们的内部实践映射到模型的过程域;并注明哪些项目过程是早期实践不需要评估,哪些是遗留的过程,哪些没有后续过程,以及何时计划结束。

有了这种认识,评估负责人就可以在别人担忧在评估中选择复查的项目时,更自信地议定管理生命周期。这可使新开始的项目展示过程的未来,而不必担心对于过程生命周期缺乏认识。

只要可能,就应该对评估项目的整个开发周期及其过程的可持续性有一个全面理解。同时,高度使用这种方法会受益匪浅。在特别需要时使用这种方法可以减少迷惘和负面影响。

### 3.3.7　准备就绪

准备完毕复查是评估小组决定是否开始评估的起点。至少要有一个准备完毕的复查,有时可能需要多个,特别是第一次尝试时。不必强求复查的所有东西都已经到位,只要有信心在开始之前弥补所有的漏洞就可以了。我们也并不试图完成对所有证据进行整个评估级别的复查。证据需要为了覆盖和普遍的改正而复查。

当评估负责人认为可以开始完毕复查时,对评估小组进行训练整合并使用整个评估小组的力量会更为有效。

评估负责人需要最后复查的就是关注评估计划的可行性。如果所有项目均已到位,那么风险可否回避、评估目标能否完成呢? 如果太多数据丢失,太多行动依旧在进行,时间约束太紧,或者其他严重的问题,那就应考虑是否重新制定日程或者增加资源。无论如何,承办方必须了解风险的系数。

既然计划已经完成,组织已经就绪,真正的评估就可以开始了。

## 3.4　执行评估

当所有准备工作就绪后,就可以开始进行评估了。图 3.3 表示了**评估执行的业务流程**。方法描述文档(MDD)列举了每一个处理步骤的活动。这些处理过程包含了大量的信息且需要投入时间。准备阶段是按照效能效率最大化的标准设计的。有些现场实地管理措施也有助于降低工作的复杂度。还可根据评估的范围和大小做出相应的决策。SCAMPI 允许评估负责人遵循这些用来管理或终止评估的决定。

有效评估的一个关键组件是聚焦调查概念。在 SCAMPI 开发过程中，我们使用了意为"分类"的术语"Triage"。尽管这个术语在 MDD 中没有出现，但 MDD 确实传达了这个意思。评估小组必须决定那些容易确定的事情，不管是好是坏，同时把他们的注意力集中在那些需要更多思考的决定上。这样才能较易地得到更精确的结果并最小化完成任务所需的时间。

例如，假设所有项目都提供了足够的风险管理证据，通过计划、报告、工具示范、管理回顾的风险视图、培训记录及其他依据。同时，在决议过程中指导甚微，贸易研究中对于标准或者非决定性的决策定义很弱，并且在基础实践上证据可疑。此时评估小组就应该把注意力更多地放在对**决策分析和解决**（Decision Analysis and Resolution，DAR）的这些实践上，而不是**风险管理**（Risk Management，RSKM）上。这在对待数字和访谈问题的优先级时是尤其要注意的。这并不是一个新的想法，只是最近才明确地作为评估方法中的一部分。

在开始之前，我们提出一个忠告。我们要不断地提醒自己，一个组织只有在确定证据如何使用，决定它是 SCAMPI 的 A 类还是 B 类评估之后，才可以进入评估工作。不应该在最终结果出现后再做这样的决定。中止 SCAMPI A 则是另外一种情况，同时 MDD 并没有制定如何去做的具体细节。要达到 SCAMPI A，预备工作必须完成，才能让真实的评估起步。进行的最好方式是首先启动 SCAMPI 准备活动。制定继续或中止决定的最佳时机应是在准备就绪复查时。

## 3.4.1　检查和校验证据

作为准备就绪复查的结果，所有证据均应已明确。评估小组应进入收取**检查客观证据和检验与确认客观证据**的阶段。漏洞大多应已识别，风险亦在可以接受的范围。然而，大多数场合下，评估小组应意识到只有证据充足才有利于回答问题。所不知道的是这些证据能否充分解答这些问题，及其答复的优劣。

例如，贸易研究中呈现的 DAR 实践证据可能会缺失决策标准的认证。或者，他们仅能认证那些被使用的方法变化中的长处。诚然，准备就绪复查仅能揭示贸易研究的标准的缺失。然而，如果复查细化到仅认证那些被使用的方法变化中的长处时，这就做得过火了。

### 3.4.1.1　多少为足

在开始实地查看证据之前，需要记住的是多少数量和什么类型是必需的。为此，我们需要搞清楚那些直接或间接的产品和其确定性。第 2 章描述了除访谈之外的"SCAMPI 方法的新特性"。本节我们侧重在这种方法在评估期间的使用。

对新手来说，关于评估项目每例实践的直接产物 SCAMPI 均应收集。直接产物是努力的直接结果①。为了定义需求条件，直接产物可以是某种形态的需求，它可能是规格说明书或基于计算机的需求数据库。不一定非为纸张，但评估小组必须能够查看这些产物的特定形态。

每种证据的额外表格必须支持直接证据。间接产品或产物即是一种支持直接证据的证据。这里所指的是为直接产品或产物提供的证据，但非直接产物本身。以需求为例，需求回顾会议记录或涉及需求的一个工作细化任务显示了需求的存在，但不是需求本身。

由于某些原因，直接与间接的区别常给评估参与者带来困惑。与评估负责人的耐心探讨有助于这些问题的解决。

在 SCAMPI 期间，可以使用不同的表示或展示方法，比如访谈工具的示范或过程资产数据库或图书馆的浏览。使用这些方法的目的是使评估小组熟悉将要进行评估的组织和项目。这个过程应该尽早完成，以使评估小组具有文档复查的机会。表示方法对例如质量管理水平之类的 4 级或 5 级的主题很有效。当使用这些度量的专门人员描述他们是什么或他们怎样能动地使用这些方法时，评估小组可以获得其他方式所不能达到的理解。

表示法或手段的其他更好的应用是将一个过程具体化到一个评估工具。配置管理和风险管理是两个应用实例。用对话的方式与评估工具使用者进行交流来介绍这些表示法，比制作解释屏幕截图、数据转储和报告更易传递信息并简单易行。

有些实践较易找出直接证据。例如，协议可以有签名为证，但并不一定反映出签名的真实意图。一个政策声明容易产生，但使其成为组织方针的真正内容并付诸实施并非易事。那就是说，我们要有一种方法能对事物做出一个确定。

评估的一个有价值的工具就是面对面的访谈。是的，人们能够被指导，并且将趋向于他们所注意的措辞。然而，访谈更能揭示真实的重要内涵。

访谈受组织的成熟度，尤其是与会者的影响。起初的理论是召集小组倾听他们对管理发展的意见。个把小时的议论后，小组必须给出一个结论并交付处理。从事实践的工作者常常有很多话要说。这也是考核中探索发现模式的一个特征。

作为接近 3 级成熟度水平的组织机构，要谈的事情较为平缓。有人可能会说这是有过培训的结果。一个更合适的解释就是被被访者知道他们的过程并能给出直截了当的答案。为此，评估小组需要提问更多细节性的问题。进行文档复查的改进可提供更多这方

---

① 实践中，也许需要来自多个项目或过程的直接产物表明实践应用的广泛性和制度化。

面的信息。注意把访谈集中在手头的问题上。在这样一个环境下,SCAMPI 和文档复查的重心是让评估小组关注那些应注意的问题。

随着成熟度的提高,这个趋势就会逆转。被访谈者不仅清楚自己知道的答案,而且拥有证明这些答案的方法。评估小组要注意倾听完他们的全部陈述。评估小组为此应做好这样的准备。

评估小组改进访谈的一种方法就是确保评估小组中包含一些具备人际交往技能的成员。安排令访谈参与者满意的人来引领会话,比较容易获得好效果。

一个技术方面的提示是,就像其他任何人一样,评估小组的工作人员更习惯于用电脑笔记本做记录。这无疑有益于存留访谈记录。当某人回答问题时,有一群像法院记录员一样敲击键盘的声音当然很让人容易分神。折中的办法就是只使用一台或两台电脑输入,其余人员用仍用手记。

### 3.4.1.2    最小值状

文档的复查应尽可能为在项目中执行的每个实践提供至少两个执行证据源(作为可应用的)。这种方法旨在清晰地展示项目实践的开始。然而,SCAMPI 的作者们担忧评估会被简化为一个直接或间接产物的文档复查。为防止这种情况发生,MDD(2.2.1)包括一个面对面的确认需求。

获取面对面的确认对应于与在评估模型范围内的每个特定和共同目标,这是因为:(1)每个相关实践至少有一个实例,并且每个目标的相关实例至少有一个实践(如 1 横排、1 竖列);(2)至少表中 50%的格对应于一定目标的实例/实践矩阵。

这并不意味着每个实践需要一个不同的问题,也不是说分组访谈时对每个项目的不同问题都需要陈述。它意味着评估小组需要注意答案和讨论,以便陈述尽可能多的实践和认可分组访谈中的相应项目。

虽然最低需求可避免一个风险,但也会激发一个风险。如果不小心,评估小组有可能把访谈变成填空练习。这种访谈方法的一个优点就是能够把访谈时的注意力集中在需要讨论的区域。如果因轻率的选择而丧失这一优势的话,将留下遗憾。

### 3.4.1.3    检查库客观证据回顾

每个实践需要有一个直接产品或产物。有时需要多于一个来确定其可完全实施的可能性。这是因为对有些实践来讲,有时单个产品或产物不能涵盖多种需求。比如,在风险管理中第一个特定实践是需要确定风险的来源与种类的。这可能需要两个直接产品,第一个描述风险来源,第二个描述风险种类。

另一方面,单个文档经常可服务于多种目的。在技术解决方案中实施多个实践的同时,一个贸易研究能够覆盖决策分析与解决方案。一个工程改造将是配置管理的直接证据,也可能是需求分析的直接证据。一个过程域中共同实践的培训记录也是监视与控制组织培训的直接依据。

记住 PIIDS 是工具,输入(如预先发现的反馈)可以被视为一种表示法。

当证据回顾开始后,终止追踪和被关注的调查或类选法也就开始。因为实践决策的数量是已知的,评估小组即能清楚多少证据以公开,多少证据可以得到监控。大部分决策能够相当简单地执行。假如初始答案至少在文档化证据执行时即能够清楚地确定下来,那么评估小组应该注意到这一点并照此去做。有些领域的证据使问题变得不确定,这些地方就需要注意。

### 3.4.2　证据归档和结果产出

解决含糊不清的方式之一是争取在访谈中提出新文档或新问题。理论上,准备完毕复查已经应该为决定实践实施提供了足够的证据。然而,当复查这些证据的细节时,有时有些文档也许在某些方面不够充分。例如,一个工程计划没有像预期那样有一个完全的数据结束管理标识,当时的要求也许只是一个参考文档。当需要附加证据时,评估小组[作为**客观证据文档化**(Document Objective Evidence)阶段的一部分]就需要重新制订收集计划以提供给 SCAMPI 所需的数据。

> 在客观证据文档化阶段,可以使用一些方法来计算文档是否已充分地记录了这个实践。这里有两个例子作为参考。

下面这个文档用来表示一个共有实践(GP)是如何"计划"出来的[①]:

| | 文档/区域 | | | | | | |
|---|---|---|---|---|---|---|---|
| 共 有 实 践 | ReqM | PP | PMC | SAM | MA | PPQA | CM |
| GP 2.2:过程计划 | PMP 4.1 | 计划矩阵,登入标准 | PMP 4.1 | PMP 4.1 | PMP 4.1 | PMP 4.1 | PMP 4.1 |
| | | | PMP 5 | | PMP 5.4 | PMP 4.5.2 | PMP 4.5.1 |
| | | | | | | | PMP 4.5.2 |
| GP 2.3:提供资源 | PMP 3 | 计划矩阵,登入标准 | PMP 3 | PMP 3 | PMP 3 | PMP 3 | PMP 3 |
| GP 2.4:分配职责 | PMP 3.1.7 | 计划矩阵,登入标准 | PMP 3.1.4 | PMP 3.1.4 | PMP 3.1.4 | PMP 3.1.6 | PMP 3.1.8 |
| GP 2.5:培训人员 | PMP 3.3 | 计划矩阵,登入标准 | PMP 3.3 | PMP 3.3 | PMP 3.3 | PMP 3.3 | PMP 3.3 |

---

① 这些图表由 Cooliemon,LLC 授权使用。

（续表）

| 共 有 实 践 | 文档/区域 | | | | | | |
| --- | --- | --- | --- | --- | --- | --- | --- |
| | ReqM | PP | PMC | SAM | MA | PPQA | CM |
| GP 2.6:管理配置 | PMP 2.4 | 计划矩阵,登入标准 | PMP 2.4 | PMP 2.4 | PMP 2.4 | PMP 2.4 | PMP 2.4 |
| GP 2.7:识别并使干系人加入 | PMP 3.4 同意列表 | 计划矩阵,登入标准 | PMP 3.4 同意列表 | PMP 3.4 同意列表 | PMP 3.4 同意列表 | PMP 3.4 同意列表 | PMP 3.4 同意列表 |
| GP 2.8:监督控制过程 | PMP 5 | 登出标准,计划矩阵 | PMP 5 | PMP 5 | PMP 5 | PMP 5 | PMP 5 |
| GP 2.9:客观评价坚持 | PMP 4.5.2 | 计划矩阵,登出标准 | PMP 4.5.2 | PMP 4.5.2 | PMP 4.5.2 | 见注释 | PMP 4.5.2 |
| GP 2.10:高级管理复查状态 | PMP 5 | 登出标准,计划矩阵 | PMP 5 | PMP 5 | PMP 5 | PMP 5 | PMP 5 |

注释:PPQA GP 2.9 见组织 PPQA 计划部分。

注释:PP 过程域的 GP 2.2 是个特殊的例子。PP 的 GP 2.2 已被计划矩阵证实。

下一步,让我们考虑一下 GP 3.2 的评估,GP 3.2 需要组织机构为所有过程域(PA)收集工作产品、度量方法、度量结果和改进信息。这并不意味着所有项目的所有过程域都需要 3 个文档,但仍需提供一个代表性的样品。应用适当的判断为实践执行确定合理的证据,而不是将这个实践应用到极限。通过得到这样一个图景,评估小组才能够做出是否需要附加的证据或者该组织 GP 3.2 已在实践判断中得到满足。

### 3.4.2.1　数学计算

在文档和确认的独立评估完成之后,就到了得出一些结论并开始进入**评估结果产生**阶段了。这一阶段无须等待所有数据的组合。评估小组(即便是个很小的组)应该连续地监视评估过程的打分。

这是一个对原模型方法进行合并和添加操作的区域。CBA-IPI 要求更多的判断,部分由任务和目标之间的重叠关系来驱动。EIA 731-2 有一些用于计算基于在组织水平中任务执行结果的复杂公式,但是如何做出计算要由评估小组来最后确定。

在增加决策实施水平上 SCAMPI 为项目实例的每个实践提供了详细说明,提供了基于这些决定的组织结果的规则,以及目标满意度和级别分数的附加规则。在每一级别都有判断和被定义限界的空间。从实践实例开始,评估小组需要决定直接产物是否合适,间接产物可否提供支持,是否存在任何重大的缺陷。在组织和目标级别,简单的决策是单独实践实例分数的叠加。然而,当执行在项目中发生改变时,或组织级别目标的实践发生改变时,方法内定义的裁定有一个限界。例如,项目实例中如果特定实践中的绝大部分实现或者全部实现分数很高时,即使该实践已经决定为未实现,也可认为是绝大部分实现。尤其是在目标级别,如果存在缺陷,决策需要确定它们如何或何时影响目标。

一旦目标满意度被确定,成熟度或能力级别的确定旨在那些达到满意度级别的拥有特定和共有目标的过程域。模型为每个级别定义了需求。成熟度级别 4 和 5 是复杂性较小的两个区域,也是能力级别中的高级别实践区域[①]。

对于成熟度 4 级和 5 级而言,需要确定的是 4 级和 5 级过程域中的实践被应用到哪些子过程中。例如,量化管理是否被应用于需求管理、验证或其他过程域中的子过程?

SCAMPI 对许多高级别实践的处理方法有详细说明。然而,它们并非一个因素。它们仅仅出现在技术过程区域,并且数量有限。在低层次中仅有少数案例评估需要考虑特定实践表现。

SCAMPI 评分方法的总体目标是让评估小组找出数据,解释数据,并将数据转化为最终结果。虽然有些规则可能限制了工作范围,但评估小组仍有自己的天地去对其他部分做出判断以得出最终决定。

### 3.4.2.2 验证漏洞

在评估小组有了发现结果的最初结论时,必须给参与者一个反馈的机会。如果一直继续下去直至最终的一份简报,这时却有人说:"那不对",那就太糟糕了。

尽管 SCAMPI 没有特别指出这一点,但是使用一系列发现结果,通过个人复查等方法仍可获得参与者有效对话的方法。这即是 SCAMPI 的"社会调查工具"方法。这些访谈可以在通过规模最小的小组有效地完成。

另一种利用预先发现结果来消除不确定性的方法是加入从附加输入获得更确定性的描述。这必须在整个评估小组的一致同意下完成。

### 3.4.2.3 数据收集再计划

这是一条重新进行计划的路径。这可以在证据收集与复查期间去做。如果附加产物被确定需要,或者访谈引发变化,那么评估小组即需要对计划进行更新。事实上减少所需的输入是可行的。当初始计划中有一个保守的方法存在,这就很可能发生。特别是当有些访谈被取消或缩短时间时。如果评估计划的长度和范围需要改变,则需要得到干系人的批准。

### 3.4.2.4 笔录注释

在 SCAMPI 的管理中最困难的折中之一是,确定把多少精力投入到写注释的工作中。当然,这种方法最具体的一点就是它的最小付出值。它要求所有组员在记录模型范围时

---

① 如果想要知道高级别实践的解释,请参考 *CMMI Distilled* 一书中的 7.3 节(关于工程过程域)。

对所有参考加以注释以期产生海量数据。文档中增加大量的注释并不像有一个发现物那么刺激,当然也不能用注释追踪到重大发现结果的直接源头。

弹性机制起初为产物处理而创立。因为评估小组能够回忆起讨论和回顾的内容,所以减少了逐字引用的重要性。而且如果需要的话,小评估小组的证据可以先于整个评估小组提出来。一份指向文档详细部分并标注其重要性的清晰的参考书就足够了。假如证据没有被适当考虑,则基本原理对后面的讨论是非常必要的。

## 3.5　结论

最后**报告结果**阶段包括最终结果的发表(表示方法、报告等)以及对评估资源进行打包和归档。

### 3.5.1　定位和发表

最终的介绍将会是非常紧张的。如果过程改善的努力是成功的,结果满足或超出了预期,这可能会是相当成功的会议。如果结果失败,那么会是一场空。无论如何,都有一些具体行动会在此时进行。最需要做的就是向发起者和相关组织机构发布评估结果,即评估结束陈述。

#### 3.5.1.1　展示

一般情况下,最后一个介绍是对评估结果的总结,包括评估过程的总结。有时,某些人对某些分数是否可以包含进去是可选的可能会吃惊,这种情况在外部评估而不是一般的内部评估中更容易发生。既然评估的范围通常是众所周知的,而且需要报告与模型中令人不满的成分,因此定级常常可以找到需求的信息。因此,在最后的介绍中需要为那些在评估计划中标识为项目的组件提出评分。

初步定级之前,当表示方法包含那张“我们在哪儿”的图表时,可以从一个组织的反应中感受到他们对最后结果期待的压力。尽管评估领导说明了什么会出现,而且图表被清楚地标上标题,但是当用户期望看到的当前结果只是很低的分数,并发出愤怒的喘息时,评估小组不必害怕。当图表快速翻过,屏幕上显示成功时,这种气氛就会缓和。

#### 3.5.1.2　广告真实

有些组织仅通过一个评估小组的打分,便宣称整个组织都是这个分数。这时,人们就难免会产生怀疑。然而,我们无法完全杜绝此类事情的发生。我们可以通过评估举报声明(ADS)为评估结果提供出广告中的真实元素,其描述的关键内容如下:

- 由谁鉴定
- 何时发生
- 什么组织单位,包含哪个领域
- CMMI 运用什么版本,包括哪一个被评估的过程域
- 成熟度级别或者能力级别的确定

作为最终介绍的一部分,评估领导通常向干系人展示 ADS 所发生事件的总结。ADS 通常陈述一个组织获得一个 3 级能力水平的事实。虽然这个 3 级也许仅是在一个独立的过程域,但这并没有阻止组织在他们接下来的合约中声称"我们处于 3 级水平"。然而,这里的关键是是否允许聪明的客户观看证据的要求,并且查看声明是否真的与产生合约的组织部分相对应。

当作为资源选择一部分的评估模式被使用时,由于合法的内容,SCAMPI 提供了裁剪的可能性。一般认为,投标人信息中的时间和性质在方法之外都会有额外的限制。

### 3.5.1.3 执行过程

SCAMPI 方法将执行过程放在正式表示这一步的后面,并且作为一个可选的步骤。在大多数情况下,做而且尽早地去做是一个最佳的方案。如果尽早完成,无论这个结果是好还是坏,相干人都有机会为结果的发布做出充分的准备。既然过程改进的成功取决于干系人,那么他们的在评估结尾处的评论也就对过程能否继续下去至关重要。最初的担心是干系人会在最终的结果上做手脚以提高结果。如果真的发生类似的事情,领导有责任、有权威迅速解决它。在最后演示时,一个准备充分的主办人总比冒这种风险要值得多。

### 3.5.1.4 下一步任务

把 SCAMPI 作为下一步计划是另一个可选的工作。即便达到了预期的分数,组织也有可能根据识别出的弱点和"改进机会"继续进行改进。为此下一步如何计划需要评估小组的洞察力和专业知识。

通常,评估小组会有一些对行动有利的额外数据和建议。然而,有些知识随着时间消失而落伍,这会使外部小组成员可能无力在今后的工作中发挥作用。

### 3.5.1.5 评估结果的寿长

这个问题常被问起,特别是在评估打分时。有时,客户会要求评估结果至少两年有效。

一种答案(正如我们前面所述的)是评估结果可能甚至等不到 ADS 上的墨水干透就已经失效了。CMMI 试图建立起一种自动持续地应用过程的认同,以使这种结果报告永远在

档。然而,经常有管理人员一旦获得了分数,就放弃了对过程的关注(一点点或是更多)。你可能看到过假设目标已经达到无须再做努力而将过程小组立即解散的情景。然而,过程的基础同其他系统的基础一样需要维护。这样做会有两方面结果:一是实际表现出来的结果会倒退,过程使用随之倒退或者干脆彻底停止。二是利润也随之减少或者停止。花大笔资金去完成一次升级,却在投资即将产生回报时取消了任务,这样做非常可惜。如果过程改进可以达到一个级别来处理,而不是实际执行它,也许管理层会消除这种印象。为了避免这种情况,过程改进小组需要清楚长期的商业案例和维护及支持的损益。

另一种答案是,通过对评估大量的努力和投入以获得对于组织长期运转有益的变更,这在很多组织中可能会是无法想象的事情。很多组织已经经历过由于过程失败而产生的痛楚,这也许是一个生气的用户的抱怨、未完成的日程、预算超支或者是最终用户的坏脸色。因此我们的组织就应不惜投资于过程改进和 CMMI。如果仅仅除了一个简短的数字之外没有其他的价值,那么 ADS 上的墨水看来太不金贵了。因此在很多情况下,认为 CMMI 评级在一年或两年内有效也不是没有道理的。

### 3.5.2　包装和存档

直到书面工作或者对应的电子产物完成,工作才算真正结束! 在评估负责人回家之前,最终评估记录必须整理完毕,必须将数据提交给 CMMI 有关人员,并且将所有的产物存档(如果需要的话)。

#### 3.5.2.1　经验总结

让评估小组进行经验总结是一种有益的选择。特别是对那些还想在将来继续做评估的评估领导者和组织来说,完成这一步是必需的。经验教训可能很小(如什么午餐比较合适),也可能很大(如何使用工具或者网络来访问数据可以显著提高或阻碍评估的质量或效率)。既然经验总结的文档化被列在方法描述的最后,那么趁着参与者还依旧熟悉,进行一次性贯穿评估基本原则增量的反馈会议非常有效。这种办法在实际中也是一个很正确的方法。

#### 3.5.2.2　获得直接的记录

为了便于将来查阅,检查哪些东西和确定的细节需要被记录下来。请注意,需要记录的内容包括"对于目标定级判断必需的客观证据,或者其中包括的标识"[①]。我们并不需要

---

① 　MDD,3.2。

永久保留一个提交给评估小组所有证据的完整数据库。我们只记录那些小组注意到的会影响目标评分的证据。如果每个项目的每个事件都提交了大量的产物证据,评估小组只需存档主要的,因为只有极少数对于建立决策是必要的而应被记录下来。

实际上,通过使用一些自动工具来记录复查的数据或者发现结果,任务会变得相对简单。当所有一切都用工具记录时,实际记录的产生就会受制于一些额外的数据,为此要注意修订计划或者 ADS。

### 3.5.2.3  CMMI 干系人的反馈

干系人的反馈有时不是很清晰,而且有些细节的地方不易提供。一般认为 CMMI 负责人必须有请求必要信息的权限,包括评估领导者的权限,以维持过程评估的质量。

### 3.5.2.4  归档和处理

说过和做过一切之后,组织必须将评估期间产生的各种材料归档或者处理掉。一些情况下,保留支持后续行为的记录是很有用的。然而,对于这些记录的访问必须严格限制到最初的评估小组成员,以便保密。

管理人经常问,"如果不明确哪里混乱,我将怎么能正确地应对?"回忆一下,在 3 级或者更高的评估中,发现的结果会贯穿整个组织,改变要在多个地方进行。另外,评估小组成员通常在本地过程小组中也有些位置,至少在评估模型下是这样,他们能够帮助指导方向的改变。如果组织没有达到 3 级,使用 SCAMPI A 也许不是一个好的选择。

## 3.6  小结

这里提供的信息可以帮助你完成一个更为有效 SCAMPI A 评估。正如我们说过的,关注于评估的计划和监控可以使你使用较小的努力获得更完整、更精确的信息。完整的 SCAMPI A 实际上只需要一个相当小的数据和决策集合。在下一章中,我们将介绍更为短小的 B 类和 C 类的评估方法,它们可以应用在 SCAMPI A 过程中或者不需输出分数时,以作为与过程成熟度不太相关的检验。

# 第4章 SCAMPI 的 B 类和 C 类评估方法

无脂"蒜味大虾"是一个当客观证据对于评估小组来说很少的情况下使用的评估方法。

瓜味"蒜味大虾"是由来自匹兹堡的 SEI 人员管理的一种评估方法。

自从 20 世纪 80 年代以来,越来越多的采购人员和顾客寻求一种可以辅助决策的可靠鉴别方法,评估的等级在现今的竞争环境下也随之变得越来越显著。因为供应商必须尽最大努力建立某种信任机制来确保能够在竞争中获胜,所以使得追求这些被大多数人垂涎的结果的行为变得具有非常高的风险。为了应对这种情况,许多顾问和企业内部评估者都创造了"官方"方法的自行使用的版本,用来为机构的成熟度提供更加频繁并且花费较少的建议。虽然全面综合的基于评分的评估方法具有更高级的可见度,然而相对于基准的评估而言,一些具有更少的干扰和更少花费的方案在实际中则更受欢迎。正是由于社会的这一趋势,使得CMMI 产品开发团队在为 CMMI 评估需求时开发了三类评估方法(ARC v1.1)。

本书的主要内容集中在被称为 A 类的评估方法上,在这里我们称它为 SCAMPI A 类评估方法。但是,同属于 SCAMPI 家族的两种趋向于将非计分的评估方案正式化的新评估方法也是很有用的。SCAMPI 的 B 类和 C 类评估方法用来在提高过程能力或成熟度的表现方面给企业一些可靠的建议。虽然这些方法可以服务于多种需求,但其目的是提供一组彼此互相关联的综合方法,以便让机构找到合适的用途。因此,作为要求最为宽松的 SCAMPI C 类评估方法,其包括很多已裁剪过的方案,这些方案可以在 SCAMPI C 类评估方法使用后指导并支持更有效的 SCAMPI B 类评估方法。类似地,SCAMPI B 类评估方法能够用来减少 SCAMPI A 类评估方法中的数据收集量。在上述的每一个事例中,都保证前一个的评估方法可为后一个的评估方法建立可信的结果,也就是说,这些评估结果是向上兼容的。

当我们将 SCAMPI C 类、B 类和 A 类评估方法作为一组方法来使用时,这 3 种方法的最大不同点就在于它们调查的重点不同。在这种结构中,SCAMPI C 类评估方法的重点在于检查那些帮助我们完成 CMMI 中定义的最终目标的实践的实施方法。相反,SCAMPI B 类评估方法则关注于已展开的实践中那些一旦进入机构单元的制度中就会妨碍实现目标的薄弱环节。最后,SCAMPI A 类评估方法的重点在于通过检查机构单元的一系列样例中的计划实施情况,判断最终的预期目标是否真的达到了。这 3 种不同的定位可以用来对一个机构在设计、部署以及建立制度化的做法方面划分等级。另外,这 3 种不同的定位也反映了在被评估机构中处于不同视角不同关系的干系人对于评估结果的不同利益需求。最后,在方法、部署以及制度上的区分,目的在于说明实施评估所得到结论的本质,而不是用来限制某类可能被用于评估的数据。例如,我们没什么理由在 SCAMPI C 类评估方法中不使用那些实施实践的产物。

## 4.1　SCAMPI C 类评估方法概述

当需要一个导入性最小的方法时,SCAMPI C 类评估方法可能是最佳的选择。它为检查机构中用过的或将要用到的过程提供了精细的检查。因为并没有要求查看那些直接来自于过程实施的产物,因此我们可以有很多种应用方法。对数据采集的这种宽松要求允许我们使用从纯问卷调查式法方法,或由一个评估人员执行的相关文档方法中的任何一种方法。因为大多数有经验的评估者很少将材料的收集局限在单一来源中,所以只使用一种方法来评估是很少见的。

比起其他两种方法,C 类方法有更广泛的裁剪空间。但是,这种方法的应用范围比 SCAMPI B 类评估方法更为狭窄。通过复查过程标准,一个要从大量供应商处进行采购的组织可以使用 SCAMPI C 来决定哪一个供应商的子集能保证一个更为详实的过程评估。这种方法也可使一个准备使用一组新的 CMMI 过程域的机构能够在开展部署之前确定方法的正确性。作为一种过渡性的评价方法,SCAMPI C 可以用来进行周期性的检查,以确定预期方法的实现是否符合要求。这可以与检查实现的直接产物这一可选步骤结合起来。更多情况下,为了更有效,我们只需要一个评估人员,这也是我们选用 SCAMPI C 最重要的原因。

## 4.2　SCAMPI B 类评估方法概述

当我们需要一些实践的结论,但量化的结果又过于正式时,SCAMPI B 方法提供了一种比 SCAMPI C 方法更为严格的,同时又比 SCAMPI A 方法有更大灵活性的方法。这种方法需要使用团队,并且检查操作执行的直接结果。在数据的取样标准和数据完整性的建立条件被放宽时,SCAMPI B 方法的结果与 SCAMPI A 方法标准输出相比有相似的优点和缺点。这种方法的许多应用与“成熟的”SCAMPI A 方法仅有略微不同。

由于 SCAMPI B 在经过修剪后适用的范围最广,因此它有可能是最常使用的方法。一个监控其供应链中过程改进项目的调查机构可以使用这种方法获得他们供应项目中需要关注的信息。作为一次对计分评估的有针对性的预演,工程组的成员使用该方法为管理层干系人提供是否已经准备就绪的检查单。当我们在大的机构中使用它来监控和重新定位新实践部署时,这种方法就可以像 SCAMPI A 方法一样,被修剪为更严格的取样标准,但是在低优先级的领域中却无须获得同样水平的数据。更常见的用法是将 SCAMPI B 方法用做降低与记分评估输出相关压力的替代品。

## 4.3　使用整合的 SCAMPI 方法套件

由于 SCAMPI 方法是围绕着一个与 CMMI 结构紧密相连的通用数据结构来设计的,因此 SCAMPI 方法不同于其他符合 ARC 的方法。通过使用一些裁剪过的可选操作(这些操作可以令后续评估输出、与未来评估结果相关的预测性描述以及每个后续评估的精度提高得到重用),以保证评估结果的向上兼容。出于对组织及评估小组连续性有关的考虑,以及对团队中学习效应的期待,我们在制定评估方案时,选用不同的操作。如果要想将一些评估方法用做一个整体的方案,那么它们一定是建立在共同的数据结构和数据字库基础上的。

为了能够保证评估产物、后续评估结果的参与以及重复评估中精度提高的可重用性,SCAMPI 方法的经过裁剪的可选操作提供了向上兼容。重新评估和修订交互会话上的实践执行指导这一可选步骤,可谓实现向上兼容的最明显的方式。随着对于已存在的所需过程理解的逐渐清晰,对确定和预测成功障碍的评价结果也越来越精确。这就使得随着时间推移,改进过程可以得到关于可靠性、特异性和精确性的反馈。

在实际操作中,这需要一系列跟组织单元、评估参与者、评估改进过程以及评估输出及精确度演进相关的评估活动计划。随着更多角色和责任加入到已定义的过程中,组织单元的定义也会有所变化,这种变化可能会影响评估结果是否可靠。另外,根据考虑问题角度的不同,过程改进也以不同速率进行。随着过程分析中组织混合级别的增长,评估结果的精确度和可靠度级别也在增加。协调评估与改进行为是使用 SCAMPI 的关键。

SCAMPI 评估方法集的通用数据结构在**实践执行标杆**(PII)的范例中有所描述。这种数据结构可以用来组织评估过程的输入数据、评估过程中用到的数据以及评估过程输出的数据。尽管这种关于 SCAMPI A 的裁剪选项被视为有效资源的保证,但是没有任何一种 SCAMPI 方法要求输入的数据采用这种数据结构。每种 SCAMPI 方法使用这种范例来将客观证据识别为直接产物、间接产物或者断言。同时,每个证据项都被标以模型实践与工程或由此衍生出的实例。尽管将团队使用的 PII 作为评估过程的输出保留下来的是明显地随时间使用产品的关键,这种做法并非必须的。然而,记录那些如何让组织单元或者项目的实现过程与类似 CMMI 的参考模型相一致的数据库,在有些组织中是常见的。

作为用于组织评测的输入和输出的 PII 结构,它的裁剪自由度是使得各种 SCAMPI 方法可以兼容的关键。一些组织可以极为详细地将这种类型映射到它们的标准过程上,然后在项目实例级别上维护它的可追踪性。基于这种结构,我们就可以在出于满足评估小组的目的上,整合过程管理和过程评估的活动,以避免在很多组织中进行那种相当费时费力的文档映射。

## 4.4　独立使用 SCAMPI 方法

SCAMPI B 和 SCAMPI C 方法比前面描述的演进用法有着更广阔的应用范围。在很多情况下,这两种方法可以独立运用。有很多不同的非记分评估方式的描述符,包括"袖珍评估"、"差距分析"、"启动工作"和"提高监控评估"。用 SCAMPI B 和 SCAMPI C 方法描述前面问题的裁剪办法将在下面的段落中给出。

### 4.4.1　袖珍评估

使用 SCAMPI B 的袖珍评估主要用来在不需要产生分数时提供另一种评估方法。这种评估的事件和记分评估的事件在很多情况下都很相似。事实上,袖珍评估多用做记分评估的一次预演。袖珍评估还可以在记分评估之间使用以提供状态信息并集中精力来改善有缺陷的领域。

使用 SCAMPI C 的袖珍评估通常是一种"专家方式"评估。因为使用 C 方法不需要使用一个团队,很多职业咨询师使用这种方法来提供一种相对于团队方法更低廉的方案。在这种用法中,袖珍评估时间长度可能一天到两周。很多记分评估的传统元素都可以被忽略以实现对资源需求的最小化(这是由于一个专业评估者通常都有技术非常熟练的背景)。这种方法通常用来快速查看,而这个评估人员的选择几乎决定了此方式的成败与否。

如果不去考虑评估的类别(SCAMPI B 还是 SCAMPI C),袖珍评估的特点在于使用最少的时间和资源来得到相对完整的一套结果。袖珍评估通常在记分评估之前使用或者在不需要分数时替代记分评估。任何含有时间以及资源投资的过程改进计划都会使用这种比传统记分评估花销低很多的袖珍评估来收集信息。袖珍评估的结果经常与模型过程域或者组织单元中增量构建的优劣分析结合起来。

## 4.4.2　差距分析

差距分析似乎是用来涵盖一系列评估活动的名称。事实上,有些人嘴里的袖珍评估看起来就是差距分析。SCAMPI C 方法用于袖珍评估和差距分析的差别的确是很小的。使用 SCAMPI B 方法的差距评估比袖珍评估使用的模型范围要更窄一些。

差距分析用于标识模型的一个定义好的范围。这种方法可以聚焦于那些先前发现不适合记分评估模型的子集。这种方法通常被称为"delta 评估",这是因为该方法关注于那些表示明显缺陷的记分评估后出现的改变。过程改进的发起人可以使用这种方法来保证某一目标比例的缺陷得以预防,以使下一个记分评估有可能发现可达到的目标分数。

## 4.4.3　启动工作

这种评估比起这里所提到的其他评估类型更像是一种咨询事例。通常情况下,主要是为了组织的过程改善提供信息和建议。SCAMPI B 方法很少用于这种方面,通常因为有的组织中很少会有极具资质的团队人员。而 SCAMPI C 方法在这方面提供了最大的灵活性,以致可以由一个人单独完成。

通常在正式的培训课后,一个扩展的培训或者是一系列正式交流会用来指导这种评估。跨区域人员的访谈和使用关于变更准备就绪的调查是这种评估中两种典型的技术。很少有人期望正式的输出,通常组织期望的是讨论问题和识别优先级的经验。

## 4.4.4　监控改进

这种评估类型依赖于一个已存在的改进项目,它通常关注于该项目所建立的优先级。无论它是用于供求关系中还是用于公司内部,这种评估都会和被评估组织的改进的特定目标有关。如果将这种方法用于采购过程,可能会使得该方法只关注于单个项目。使用在一个共同的项目中可能依赖于过程改进预先定义的里程碑,并且需要一个额外的环境(相对于评估事件而言)来解释评估的结果。虽然记分评估(SCAMPI A)更适合这种高价值鉴别,我们也可以将回报费用和其他激励机制与这种评估的输出结合起来。

---

**使用多种评估方法的例子**

很少会有组织(即使真的有的话)会选择执行下面列举的全部评估方法。大多数组织喜欢在对记分评估前做一到两件事。大的组织可能会使用类似这里列举的更多种类和数量的评估方法。下面列举的评估方法和属性给那些想要了解如何按顺序使用一系列定制事件的读者提供了一个起始计划。

---

启动工作　SCAMPI C　5 天

- 介绍性训练
- 映射练习
- 加入干系人和参与者
- 连接 ISO 或者其他已有的质量管理系统(如果可能的话)
- 执行行为计划

袖珍评估　SCAMPI C + 或 B　3 天

- 查看第一个部署
- 理解不同方法的差异
- 计划修正和计划下一个部署

差距分析　SCAMPI B　4 天

- 为即将到来的记分评估做好准备
- 严密的数据收集和分析
- 下一阶段的风险确认

袖珍评估　SCAMPI B +　5 天

- 记分评估的预演
- 完成 A 中的所有步骤或部分
- 做出最后做或不做的决定

记分评估　SCAMPI A　8 天

# 第 5 章　用于内部过程改进的 SCAMPI

南瓜"蒜味大虾"是一种高层管理者执行的评估。

普适"蒜味大虾"是一种团队对于每一种子实践都给出大量的客观证据的评估。

这一章所讨论的是关于使用 SCAMPI 来进行内部过程改进这一方面的内容,特别是那些作为 CMMI 或者 SCAMPI 产物而不被过程团队熟悉的方面。请注意的一点是在本章和后面的章节中,在内部过程改进和外部审核中,我们使用"评估"(appraisal)一词。这两个评估方法的应用以前分别被称为"估价"(assessment)和"评价"(evaluation),这是因为制定标准的人尽力保留语言中用词的准确性,以便与成熟度模型社区内的风格保持一致。

SCAMPI 是测试组织过程的一种方法。通过使用 CMMI 这一参考模型,我们可以客观系统地分析一组过程并定义它的强项和弱点。这个分析可以帮助组织达到使整个过程效果最大化的目的。另外,周期性的评估可以使组织记录下改进的过程并且精炼改进计划。对一个认真对待连续式过程改进过程的组织来说,评估就是它的一切。CMMI 评估关注于识别改进的机会;然而,除了用评估结果来改进过程之外,组织还用评估来为其内部改进和外部采购的过程改进来评分。

SCAMPI 评估方法是为了使 CMMI 评估比简单叠加使用源模型评估更为有效。因此,一个 CMMI 软件和系统工程评估实际要比用 SW-CMM 加上用 EIA 731 来进行的系统工程评估的成本更低,也更简便。这并不意味着 SCAMPI A 要比单独的 SW-CMM 评估的花费更少或是更为精简。事实上,正如前面提到的,SCAMPI A 评估通常由于使用了更多的材料和涉及更多的组织而更加耗费资金和时间。

此外,SCAMPI A 方法意图使评估在性能方面尽量保持一致;例如,它将更加严谨,因此随之而来的费用也会增加。但在最近的比较中,SCAMPI A 的性能方面确实有进步。用 SW-CMM 来比较使用 SCAMPI A 跟 CBA-IPI 的花费和性能时,Ron Radice[1] 发现:

- SCAMPI A 更注重管理数据、查证和确认
- 评估小组管理方式基本相同

---

[1]　Radice, Ron. *SCAMPI with SW-CMM*, 盐湖城软件技术大会发表, 2003 年 4 月 30 日。

- SCAMPI A 使得方法性能变化小
- SCAMPI A 的花费多，但是区别小，如下表所示：

**日历时间　SW-CMM 5 级评估**

| 组织规模 | CBA-IPI 文档复查 | CBA-IPI 现场评估 | SCAMPI A 文档复查 | SCAMPI A 现场评估 |
|---|---|---|---|---|
| < 50 | 1 ~ 2 | < 5 | 2 | < 5 |
| 50 ~ 100 | 1 ~ 2 | 5 | 2 | 5 |
| 100 ~ 250 | 2 | 5 | 2 ~ 3 | 5 |
| > 250 | 2 ~ 3 | > 5 | 3 ~ 4 | > 5 |

## 5.1　准备很关键

在内部过程改进中使用 SCAMPI 评估的目的是为了确立所处的阶段，确定过程执行的状态，以及帮助在组织的过程改进中建立优先级。SCAMPI 评估所做的诊断应该作为一个周密计划的改进周期的一部分，例如 Deming 的计划-实施-审核-执行或者 SEI 的 IDEAL 模型。在 IDEAL 模型中（在第 7 章"SCAMPI 执行相关问题"详细描述），评估被用在诊断阶段。存在一个计划初始阶段来设置包括业务案例在内的环境、建立辅助机制和一个过程改进的基础结构。IDEAL 周期则紧随此阶段之后。

当 CMMI 模型被应用在企业过程改进中时，它所关注的是整体上的成功或花费，这与在单个领域（例如软件工程）的改进努力不同。模型的大小以及是否包含新领域使得计划过程更重要、更困难。

关键问题包含以下几点：我们是否应该评估？现在做还是以后做？系统工程和软件工程应该各自使用各自的结果还是应该集成在一起？应用哪一个评估等级？根据评估使用场景不同我们定义了一系列的评估等级。对于一个刚刚开始企业过程改进的组织，推荐使用的评估方法是等级 C。之后可使用等级 B 来分析最初的部署。如果你需要一个分数值或者一个对你的过程更严格、更深入的调查，那么使用 SCAMPI A 级评估。这个 C-B-A 的循环可以连续使用，以期为 IDEAL 周期的各个阶段提供管理过程的改进。

每一级的评估中包含什么内容？这实际上取决于组织的从业目标，此计划亦成为你的 CMMI 执行策略的一部分。

作为这些问题的延伸，组织和评估小组领导者应考虑以下问题：

- **组织范围：**过程的改进包含那些以前没有存在于过程改进的有关团体和个人，也可能包含那些使用其他评估模型和方法（例如 EIA 731 或 ISO）的组织。为此所有干系人均应受到行为和目标方面的培训。

- **模型范围**:模型范围包括那些将被在评估中审查的过程域和通用目标。同样,组织的从业目标以及组织对当前状态的关注点亦再一次有助于决定模型范围。
- **规模**:多领域的涵盖可使评估对象的人数增长超出预想,访谈和客观证据确认则是对评估小组的一大挑战。
- **领域**:随着新领域在评估中的加入,评估小组非常需要具有这些领域特定学科知识的评估小组成员。这在使用 SCAMPI 来结合 SE/SW 评估中尤为重要。更多新领域的加入,使评估小组组织的难度增大。同时评估不同领域的难度也会自然增大,这就使得多重评估变得尤为必要。
- **改进状况**:考核辅助人员和计划者需要了解过程改进的当前成果和状况。比如,评估一个初级小组与成熟的小组的结合,有可能使整个组织的表现下降,还会促使做出怎样执行评估和报告结果的决定。在这种情况下,小组间需要做独立考核,然后在低一层次小组改善后进行整合。

在执行 SCAMPI A 评估前,我们应该检查以下方面是否已经准备就绪。

| 就绪检查 | 评价标准 |
|---|---|
| 活动计划 | 在当前过程改进计划中的所有活动都已圆满完成? 如果没有,对评估有何影响? |
| | 所有的过程域(PA)都覆盖了吗? |
| | 哪些能力水平和成熟度水平(如果有的话)需要评价? |
| 文档复查 | 组织和项目有丰实的文档基础吗? |
| | 过程的文档和实现证据都存在吗? |
| | 文档复查是否表明预定的风险水平可以接受? |
| 制度化 | 过程改进是否是组织文化的一部分? |
| | 是否有充足的基础设施到位(政策、训练、资源、测量和疏忽)? |
| | 过程是否被执行了足够的次数,以至于它们已经成为业务过程的标准? |
| 非正式评估 | 当前的非正式评估(B 和 C 两类)是否证明了当前没有明显的缺陷? |

## 5.2 评估小组

组织决定执行 SCAMPI 内部评估后,即可成立并培训评估小组。成功的评估小组需要:

- 策划,包含目标、限制因素、范围、输出、裁剪、资源、成本、日程安排、后勤、风险与批准
- 明确定义的目标
- 明确定义的角色
- 已建立的做事规则
- 定义明确的决策规程

- 理解团队过程
- 顺畅交流
- 团队行为归宿
- 合作协调
- 培训

### 5.2.1 培训

团队的培训包括模型和评估培训,同时需要详细计划参加 CMMI 基础课程成员的名单。评估小组培训可以由小组领导来进行教授。对于 SCAMPI A 类评估,每个小组必须由一个 SEI 授权的主要评估师带领。对于 B 和 C 类的评估课程,ARC 仅要求领导受过培训而且具有一些经验。这里并没有说明培训的类型。SCAMPI 评估领导人员应由在 CMMI 和 SCAMPI 或 CBA IPI 评估方面有着足够经验的人来领导团队。

### 5.2.2 小组构成

使用 CMMI 模型的 SCAMPI 评估小组的构成与 CBA IPI 团队不同。因为 CMMI 用来改进企业,所以团队成员应具有相关广泛的知识。一个典型的 SCAMPI A 小组由 4 个到 9 个成员组成,但是对于每一个评估的领域都需要一个对该领域有足够经验的成员。SCAMPI A 方法定义文档规定团队要平均具有 6 年工程工作经验,总和至少 25 年经验。此外,一个团队须包括至少一个具有 10 年管理经验的成员,并且有一个至少做过 6 年管理的人员。团队成员必须具有良好的口头和书面交流技巧,最重要的是,有能力作为一个团队完成任务,并且能够通过协商达成意见一致。

除了小组成员之外,被评估的组织需要有一个人来策划和支持评估。但是组织的负责管理人员或直接受评估结果影响的人不应成为小组成员。

### 5.2.3 团队性格

团队组合的另一个方面就是个性化的性格,尤其是那些小型团队,比如 2 ~ 3 人用来分析数据并为组织或者模型提供数据的团队。经验(有时是痛苦的经验)告诉我们,发现团队成员的性格类型可以促进团队演化的形成过程并且在团队评估时避免灾难。

**职业计划的性格测试指标**(MBTI)[①]是一个很有效的工具,它将成员的性格类型分为 4 个

---

① MBTI, Myers-Briggs 和 Myers-Briggs Type Indicator 都是 Myers-Briggs Type Indicator Trust 在美国和其他地区的注册商标。

方面:外向和内向(E 和 I),感知和直觉(S 和 N),思考和感觉(T 和 F),判断和预感(J 和 P)。经验告诉我们,最后一个性格特征对整个评估小组的影响最大。假设 4 个人组成两个小组,假如分别是两个倾向判断型和两个倾向预感型的人。倾向判断型小组的成员会仔细分析所有的数据,询问更多的问题,忍住给出结果的诱惑,不断询问从而延误了评估过程。然而,倾向情感型的团队看完一个文件或者访问一个人后就会做决定。他们坐在那儿对其他团队喊着让他们赶上计划。最好的途径应该是每个小组有一个判断型的人,一个预感型的人。假如他们在评估过程中没有人忍不住"杀掉"另一个的话,那么每个成员都会与另一个成员调和来在评估时间范围内产生可靠的结果。大体上说,

- 性格内向的人应努力担负更多任务
- 外向的人尽量不要太强势
- 不要即刻终止或不愿接受新信息
- 但是,任务必须在规定时间内完成
- 评估过程需数据驱动
- 但是,细节不能遗漏

## 5.2.4　达成协议

　　评估小组的决策必须是真的达成一致,不是无异议的投票也不是大多数的投票。意见一致是找到一个合理的可接受的方案来让所有成员能支持它并在此基础上做事,没有人反对它。它尝试为所有成员和允许团队保持团队的完整性和任务关键创造一个双赢的局面。有时,为了做决定需要不断收集和分析信息,因此意见达成一致的过程也需要循环几个周期,如图 5.1 所示。

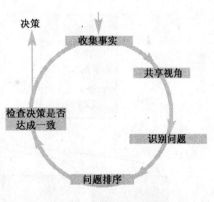

图 5.1　达成一致的过程

　　如果不能达成一致意见,就不能强行地得到决定,例如通过多数人投票的方式。正在被考虑的项目必须丢弃而不再被评估。

## 5.3　考核小组时间线

　　从决定使用任何 SCAMPI 评估开始,评估小组开始了如图 5.2 所示的时间表,包括组织人员、开发评估计划、获取所需训练、执行评估以及后续步骤。

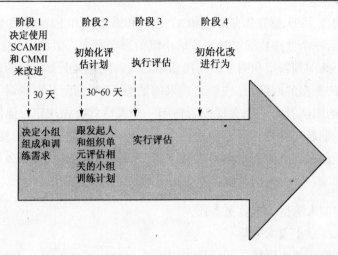

图 5.2　SCAMPI 评估时间表

一个 SCAMPI A 时间表的例子,包括一个生命周期为一周的评估,整体时间线如图 5.3 所示。

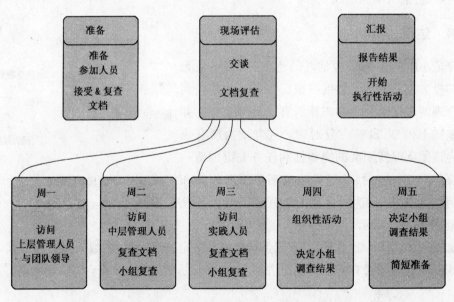

图 5.3　评估小组的时间线

# 第 6 章　SCAMPI 应用于外部审核

叉烧"蒜味大虾"是一个政府的评估行为。

鱿鱼"蒜味大虾"很难发现客观证据的评估。

按照 ISO 15504 所述,SCAMPI 评估方法在可以作为内部评估的同时,也可以用做外部审查(这章也可称之为外部评估)。外部评估一般被组织用来选择和监控供方,也可以被政府采购组织用来进行供方或供应商的选择和合同过程的监控。它们最常被用在一个与生命、财产和国防密切相关的软件系统中。例如,一个新坦克、升级的飞机飞行控制系统,或者是一个雇员的薪金支付以及管理系统。因为评估被广泛应用在政府组织中,而且美国政府部门对此制定了最为严格的规章(**联邦采购规定,FAR**),此章将描述与此相关的评估系统的框架。工业界的外部评估方法将遵循类似的方法,但有一些不同的规则。

有人可能会说检查供方的过程会带有一些告诉他们如何开发一个系统的味道,然而用户们经常会感觉到他们有权利期望使用一种专业的方法来开发对他们至关重要的系统。成熟的开发过程是供应团队专业化的一种暗示。评估方法可以帮助经理们做如下事情:

- 在选择供方时进行风险识别
- 通过鼓励供方遵守和改进开发过程来管理风险
- 奖励有条理的过程改进的供方

此外,获得项目的组织会体会到过程改进的好处,对在与开发组织合作过程中所扮演的角色也会有更深刻的认识。有些组织也发现,此类知识会促成他们同时参与到供方的过程改进当中去。

## 6.1　评估目标

采购人员使用 SCAMPI 一般有着与内部过程改进的不同目标。开发者追求过程改进是为了提高他们的生产率、底线,以及他们的时间和性能估计能力。项目获取方却主要对费用、时间表和减少执行风险感兴趣。

为了在获得大型软件相关系统中减少风险,美国政府组织最近使用了多种工具评价供应方的运作过程。这些包括基于软件 CMM 的**软件能力评价**(SCE<sup>SM</sup>)、**软件开发能力评价**(SDCE)以及联邦航空机构使用的 FAA-iCMM。

随着在过程改进和过程描述中 CMMI 的模型正在逐步取代 SW-CMM,SCE 又正在被 SCAMPI 评估取代。SDCE 评估是基于一个为每个投标人填写的可定制的问卷,然后伴有可选的实地考察。随着项目开发和获取方正转为使用统一的工具,SDCE 也正在被 SCAMPI 评估取代。

## 6.2　外部评估的需求

外部评估是为了资源选择与合同效力监控而实施的。在美国联邦采购规定中,资源选择的评估发起人一般是**资源选择部门**(SSA)。

然而,主要的评估者和评估小组一般不会花太多时间跟为评估做策划的真实发起人在一起。大部分政府资源选择中,SCAMPI 组是给评价部门提供信息的众多小组中的一个。这个评价部门向**咨询顾问委员会**提出报告并提出建议进行评估比较,同时处理评估结果,向有最终选择权的资源选择部门提出报告。

在准备评估时,SCAMPI 小组将遵循如图 6.1 所示的时间表。

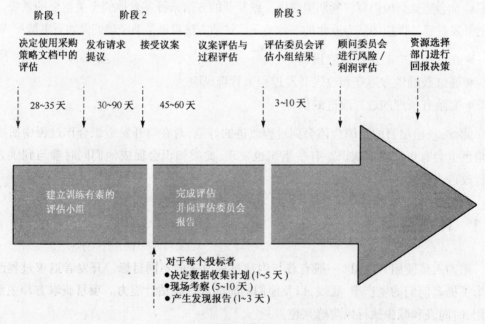

图 6.1　资源选择评估时间表

在政府资源选择过程中决定使用 SCAMPI 评估时,很重要的一点是至少要用 4~5 周的时间来确定评估需求。这些需求一定要包括在采购策略文档和请求提议中。另外,Federal Business Opportunity (FBO) 与 Commerce Business Daily (CBD) 的采购声明中必须包含实施 SCAMPI 评估意图的通知。

在这个计划阶段,小组必须决定评估的范围与形式。范围包括模型的表示形式(阶段式还是连续式)、被评估的领域、包含的过程域以及决定的成熟度水平或能力水平,以及要被评估的组织单元。评估的形式可以包括 A, B, C 三类方法以及应用这三类方法的过程域。

对于大型、重要的系统资源选择而言,结果的严格性是极其重要的,为此 SCAMPI A 评估方法的使用是必需的。其他一些嵌入式方法也是可以的,特别是当所有投标人员都使用 CMMI 模型追求内部过程改进时。这些方法可能会是简单复查投标者的最近内部评估结果(我们不推荐这种方法),也可能是获取关键过程域的 B 或 C 类评估。CMMI 的过程评估的改进方法已经包括一种技术,在这里提供者需要作为他们投标的一部分向政府小组报告他们的 CMMI 评估结果。政府小组决定哪些过程域对结果至关重要,基于报告的评估结果可为提供方识别风险。然后小组到访每一个现场,验证提供者处理的已选部分并分析提供者对风险项目的反馈。

而且,必须确定评估的特定目标,包括:

- 决定不同投标者支持资源选择的鉴别方式
- 定义可能影响协议性能的过程执行中的风险
- 使用成熟的过程获取一致同意的协议
- 满足应用于发起人获取组织的政策和规章制度
- 选择协议之后的后续过程改进活动

评估的限制条件应该在计划阶段的早期就被考虑,而且应在计划阶段不断重新评估它们。这些限制条件包括:

- **花费与进度限制**。主办组织和承包的组织双方都受到这种限制。主办组织的花费包括人力费、差旅费和培训费用。这些花费将受到评估范围、投标人数和评估地点的限制。给投标者的花费主要由被评估组织来假定。然而,花费有时是要签署在合同上的。
- **讨论限制**。是否使用 SCAMPI 评估这一决策是由若干资源选择的讨论组成的。签订契约方主管或者法律主管或采购主管来做此决策。

- **在评估委员会结构中的位置**。假如评估小组就是委员会的一部分,那么就可能会有诸如成员只能是政府雇员之类对于小组成员的限制。
- **报告限制**。在计划阶段,必须确定可以根据初步发现物和最终发现物向被评估的组织汇报什么和什么时候把这些展示出来等事项。与缔约方官员合作决定这些限制是非常重要的。这里要注意,对于一个 SCAMPI 评估而言,每个被评估业务领域的强弱摘要必须同时展现给被评估的组织和发起人。对于发起人,其他的报告需求(成熟度水平、能力水平、颜色等级、目标满意度和优势劣势)必须与发起人一起协商。

总体来说,计划在资源选择中使用 SCAMPI 这一阶段要做许多决策(有些甚至要反复决策)。6.2 节摘自 *SCAMPI Version 1.1 Method Implementation Guidance for Government Source Selection and Contract Process Monitoring Handbook*(SCAMPI MIG)(CMU/SEI-2002-HB-002),这个摘录应该在为主系统资源选择实施前仔细询问并理解。

## 6.3　评估小组

外部评估需要小组考虑的事项有一些和内部评估不同,但是除了团队领导必须熟悉本章开始提到的要考虑的事项和限制外,注重专家组意见和培训需求同样是重要的。除此之外,团队的领导者必须熟悉所要考虑的事项和在本章开始时描述的约束条件。管理这些约束条件是团队领导的主要职责。当负责资源选择部门时,团队领导不仅应是一位 SEI 授权的领导评价者,还要在准备和管理资源选择方面具有丰富的经验。

SCAMPI 团队和评估委员会的关系是 SCAMPI 在进行外部评估时与在内部使用时不同的一面。SCAMPI 评估结果通常会有 3 种安排:作为技术评估的一部分,作为管理评估的一部分,以及作为过去表现评估的一部分。采购方组织的政策和发起者的意见应是做出选择决定的参考依据;在重大资源选择时,SCAMPI 评估应到位,以保证项目成功的概率,特别是对那些风险的不成熟的软件和系统工程。另外,SCAMPI 和评估委员会的关系对于团队和它的成员是有牵连的。如果 SCAMPI 小组是委员会的成员,它也许对资源选择结果会产生更多影响;然而与此同时,所有队员也许必须符合委员会会员资格要求,例如,他们也许必须全部是政府职员。这也会限制受过训练的团队成员的能力,特别是 SCAMPI 评估领导者。如果 SCAMPI 是评估委员会的顾问,他们可以雇用**联邦资助研究与发展中心**(FFRDC)和其他签订合同单位的雇员。还有另外一个选择,那就是由发起组织将 SCAMPI 评估过程外包给被 SEI 准许的 SCAMPI 评估公司。

SCAMPI 评估另一个需要考虑的就是是否使用多个评估小组。在一个存在多个投标者的主采购过程实例中,考虑到这种典型采购中严格的时间限制,采用多个评估小组还是很必要的。在这种情况下,每个评估小组不仅必须要有同等程度的专家作为 SCAMPI 评估领导者进行领导和培训,而且应该设立有关结果的质量管理。以往采购的经验告诉我们,一个成功的方法是由团队领导来发现并确认评估的结果和数据。

## 6.4　外部评估问题

本节讨论外部评估问题与内部评估的不同之处。搞清此类问题有益资源的选择和对合同的执行过程的监控。

### 6.4.1　资源选择

在资源选择情况中,模型表现方式(阶段的或连续的)和范围(过程域、成熟度级别、能力级别)皆由需求方(可能在通过请求提议草案接到投标方的注释后)做出选择。这些选择必须考虑到正要开发系统的风险和复杂要求,还要考虑到潜在的合同环境(单独开发者、团队或子合同),以及潜在投标方预期的经验和成熟度。

对于一个高风险并从未做过的大型软件密集型系统,开发团队成员需要在软件工程和系统工程方面都具有高成熟度。对于一个仅限于具有特殊专业技能的知名小组来竞标而且规模相对较小的项目,那么只要迅速浏览对于开发关键的过程域就已经足够了。

当采购面对的是直接提供方不带二次承包商时,过程评估就不必包括供应方合同管理和集成供应方管理。相反,如果采购包括很多二次承包商,那么在供应过程域就要有特殊的强调。如果需要整合包括合同商、二次承包商和/或政府在内人员时,那么 IPPD 过程域就应该包括在评价内容之内。

如果投标方是主要的政府系统整合者和开发者,且这种工作是主要的,则这个投标方就要有较高的成熟度和/或能力。如果该领域涉及到大的、小的政府和商业竞标方,则要么选择使用一个较低成熟度/能力级别,要么使用裁剪过的方案。一个更为可行的方案是,在少许的关键管理过程中要求足够的能力(能力等级 2)而在一些对系统开发更为重要的方面给予较高的回报。

无论是在哪种情况,都需要尽早决策出资源选择活动中所用的模型和评估方法,将其传达给所有潜在的竞标方,并在资源的选择过程中予以坚持。还有一种方案,那就是当随之而来无法避免的争执发生时,需要一个有效的法律团队来保护采购方组织。

### 6.4.2 合同执行监督

一旦签署了合同,SCAMPI 评估就可以用于降低在资源选择过程中所识别出来的风险,激励合同执行中的过程改进,并将现实情况与计划改进行为予以对比和跟踪。适用的范围既包括与资源选择时用的相类似的正式评估,也包括内部改进过程时使用的评估类型。当然,理想的情况是由承包商和发起方(主要是采购方组织)共同合作来改进双方的过程。CMMI 就可成为改进的公用标准,并提供一个描述过程的公用语言和衡量它们状态的通用尺度。

当用于合同执行监督时,契约工具被用来提供契约机制,描述发起方组织的目标和过程评估的方法。发起方组织和承包商共同就标准和方法达成一致,并建立机制,比如如增加奖金额度来奖励进步。在最初的基准线建立之后,一般使用 B 级或 C 级评估方法来度量进步。在基准评价之后,所发现的情况要提供给承包商;承包商利用所发现的这些情况来制定相应的改进活动计划,并且由发起方和承包商共同通过这个计划。然后评估可被用于根据改进计划衡量进展情况。

在合同执行过程监督中使用的模型和评价方法,通常是由发起方和承包方共同制定的,而这些模型或方法的使用可能会在评估过程中显露出薄弱环节。因而在后续的评估中,团队需要关注薄弱环节或者是开始过程改进计划中的新部分。

对于一个团队来说,这种评估可能会与发起方组织的其他过程一起用于内部的改进,或者有一个与外部评估的不同风格。这依赖于发起人对承包商的反应。理想情况是,发起方和承包方都把这些视为双方改进工作能力的方法。这样,外部评估就等同于内部评估了。然而,事情并不总是顺利的;发起方和承包方可能不会就过程改进如何进展达成一致,而且评估可能不只是用于审核。

无论何时,使用 SCAMPI 来进行合同执行监督,需要提前做好计划来约定奖罚,并编写到合同书上去,且得到合同双方的一致同意。这个计划不需要像用于资源选择时那么细致,但是需要发起方和承包方共需的过程改进细节,需要基于过去的经验和对现有环境的仔细思考。我们已经见到过很多关于激励行动所产生的无意识的结果,这些原本被认为有改进性能的,最后却产生了相反的结果。我们每周五晚上的垒球队就有这样一个例子,垒球队的教练 Jim Armstrong 决定需要更好的防守,并且把目标放在提高实现双杀的能力上。在每场比赛之后,他都会因为双杀数量的提高奖励球队一箱啤酒。经过很多的思考和辩论,球队的响应变成让投手在每一局走到第一击球手来获取更多的双杀机会。

# 第三部分　SCAMPI 的应用

　　现在，就餐已经结束，你可以举杯感谢厨师，祝大家身体健康，然后坐下来闲聊。或许聊一下食物的味道是否符合期望，或许是否会再来。同样，当你充分了解了 SCAMPI，毫无疑问你一定对于方法的细微差别以及如何使用它才能为你的组织带来丰硕的利益有了充实的理解。最后，让我们探索一些详尽的问题，并对关于如何让 SCAMPI 成为一个组织过程改进的常规方法提出恰当的建议。

## 第三部分内容

### 第 7 章　SCAMPI 执行问题

　　我们以一些问题的反馈作为本书的结尾，这些问题是那些指导或者正在使用 SCAMPI 评估的人们很有可能遇到的。有些问题是在评估中才遇到，而有些是在为过程改进做计划之后才会遇到。

# 第7章 SCAMPI 执行问题

寿司"蒜味大虾"是结果不可信的评估。

疯牛"蒜味大虾"是要被纳入小组制度的评估。


全面展示了 SCAMPI 之后,我们在第三部分"SCAMPI 的应用"中,以讨论各种与评估和过程改进相关的问题作为结尾。如何让评估对于一个刚刚开始过程改进的组织而不是一个(所谓)高成熟度的组织更为有利? 如何进行最佳的跨领域(比如软件工程、系统工程或硬件工程)评估? 如何让一个组织在遵守 CMMI 模型并成功完成 SCAMPI 评估的同时,也满足其他有关标准、质量举措以及顾客需求的需要?

阅读本章时,读者应该牢记组成讨论的四个要点。首先,SCAMPI 是相对较新的方法;因此,本章的材料应视为进行中的一项工作。

第二,SCAMPI 是一种模型敏感的方法。也就是说,SCAMPI 方法帮助一个组织找出其过程能力或组织成熟度方面的问题,是基于识别其当前过程的优势和弱点来完成的。但这一过程是与 CMMI 模型的表达方式密切相关的,并没有模型之外的因素。这并不意味着 SCAMPI 方法及其相关的模型不能扩充,而仅是作为模型的评估基础。在评估之前,各种模型之外的评估因素需要被定义。

第三,SCAMPI 是一种诊断工具。它可以支持、鼓励并使组织致力于过程改进。SCAMPI 本身并没有提供任何协议。协议多是基于被评估组织的商业目的;因此,很重要的一件事就是发起方和评估小组都应清楚明白为什么使用 SCAMPI 和预期的回报是什么。

第四,SCAMPI 也是 CMMI 过程域能力级别和成熟度级别的标准测量评分工具。从更高角度看,系统过程改进的理论是一个国际化的问题。厂商改进他们的过程是为在市场上更具有竞争力,他们期望通过一个可靠而且有效的过程改进方法提高生产力和产品质量,降低风险和成本。虽然使用模型来进行系统过程改进并非没有风险,但是 CMM 在软件管理中在全世界范围取得的成功,使我们有理由认为,CMMI 在改进业务底线方面同样会取得成果。对于减轻风险,客户常问的问题是,"做到什么程度才能将一个低成熟度的组织推进到高成熟度的组织?"通过提高成熟度获取高额利润,使用方有理由认为 SCAMPI 方法作为一个鉴别器必将成为一个有效的标准评估工具。

## 7.1　部署符合 CMMI 的过程

在 CMMI 模型中,过程管理类过程域包含一些对于创建和提高过程必要的基础实践。组织面临的一个问题就是如何定义一个过程并开发和部署这种过程,也有一些其他的过程改进模型使用了与 CMMI 相同基础的方法。IDEAL 就是这样一个模型;我们在此讨论它来讲解如何使用 IDEAL 来开发和部署符合 CMMI 模型的标准过程。IDEAL 可以从 SEI 获得,参见链接 http://sei.cmu.edu/ideal。

IDEAL 共有 5 个基本步骤,如图 7.1 所示。

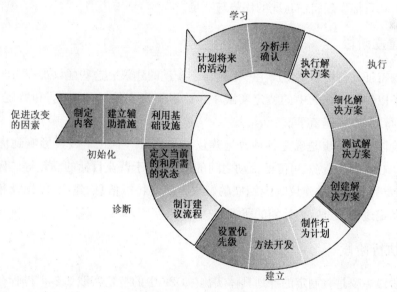

图 7.1　IDEAL 模型

### 7.1.1　初始阶段

过程改进活动常始于某些变更事件或激化因素。在 OPF 中,特定实践 1.1-1"建立组织的过程需求"涵盖了这方面的内容。过程的需求和目的是创建和改进过程的关键动力。组织在过程开发之前了解其需求和目标是很关键的。如果这一步没有完成,组织就难以将过程部署到的干系人中。需求和目标给了人们变更工作环境的动力。如果过程目标与组织的主要目标不相关,变更就难以成功。例如,如果员工认为过程目标实现 CMMI 3 级成熟度将是无意的,他们会说,"我们又要做没有价值但又不得不做的事了"。但如果过程目标与人们正在从事的具体事件相关,例如可与生产销售产品更快、更节省花销联系起来,他们就会接受新的改进的过程,不会阻碍变化。

这就使得初始阶段对于整个过程改进至关重要。必须建立一个人们可以接受的将变化与其自身成功联系起来的环境,为组织改变提供所必要的支持系统,以及完成改进所必须的基础设施。

### 7.1.2　诊断阶段

诊断阶段与 OPF 中特定实践 1.2-1"评估组织的过程"密切相关。在这一阶段中,我们会将当前过程和情况与公司的需求和目标进行比较。这可以使用 CMMI 或其他模型评估方法,也可以仅仅参照需求和目标对现状进行简单分析。这一步的关键输出是根据组织过程的需要和目标发现目前状况的优势与不足。

### 7.1.3　建立阶段

现状的特征往往可以促使产生一系列对于改进的建议。这些建议可在 IDEAL 模型的建立阶段予以实行。OPF 中的特定实践 1.3-1"识别组织的过程改进"和特定实践 2.1-1"确立过程行动计划"涵盖了这一步。

建立阶段的第一步是确定各种改进建议的优先级。有几个因素影响到优先级的确定,例如影响、有效的资源、可能的活动之间的依赖、对于营业目标的满足等。优先级确定以后,就需要为各个改进建议确定相应的解决方法。特征信息、建议、优先级和解决办法可被用做制定过程改进行为计划的所需信息。

### 7.1.4　执行阶段

执行阶段主要是将制定的计划具体实施。OPF 中的特定实践 2.2-1"过程行动计划实施"和特定实践 2.3-1"部署组织过程资产"说明了这个阶段。即首先根据计划建立一个潜在的解决方案,然后通过检验、同行分析或者其他方法对其测试。实验测试的方法可作为评估过程改进中最可靠的收集信息方法。过程可以在部署到整个组织之前予以细化。一旦决定部署改进的过程,整个组织就应努力执行这一过程。

### 7.1.5　学习阶段

学习阶段保证部署到组织内的过程有效并满足组织的需要。OPF 中的特定实践 2.4-1"将过程的相关经验纳入组织的过程资产"涵盖了 IDEAL 模型的这个阶段。分析、验证这两步可为整个过程改进项目提供持续的改进。这些信息可在"建议将来的行动"一步中使用,并且将改进活动与第一个阶段联系起来,以帮助组织决定何时变更是必要的。

为此我们看到 IDEAL 模型可稳固地支持 CMMI 的组织过程改进过程域。事实上，随着组织性能成熟度级别的提高，与"组织过程绩效"和"组织创新与部署"相关的实践可以很容易地集成到相应的 5 个阶段。为了增强这些阶段的执行，OPF 所标识的基本过程都需得到改进。例如，IDEAL 中有一步是测试解决方案，这一步在 OID 特定实践"试验改进"中会详细说明。

---

**使用工程过程域实现过程改进**

在 CMMI 中，产品开发过程是通过工程过程域建模的。这些过程域关注于产品和产品组件。产品的定义包含过程。为什么组织开发独立的过程来开发交付产品和过程呢？为了说明相同的开发过程是如何用于硬件、软件、服务和过程的，我们需要研究工程过程域和 IDEAL 模型之间的关系。实际上我们已经看到 IDEAL 模型和 OPF 的之间的联系。

初始阶段与**需求开发**(RD)产生的需求以及高层次需求的特定目标 1 相关。特定目标 3 说明了对需求的分析与验证。这些相同的功能已在本阶段的设置 PI 内容、建立支持系统和租用设施中得到阐述。

诊断阶段与需求开发和**技术解决方案**(TS)的"开发替代解决方案并分析确认开发正确产品"的特定目标 1 密切相关。根据工程过程域的推荐，核查和确认活动应贯穿在整个开发过程中。正如我们前面所描述的，这与 IDEAL 模型完全相同。

建立阶段与技术解决方案特定目标 2 设计、验证和确认选定的解决方案密切相关。在设计和评估过程之间可能有整合问题需要关注。与 TS 和供方合同管理相同，购买或开发支持过程的工具需要得到阐述。

执行阶段与技术解决方案特定目标 3 相关，即与执行操作、产品整合、验证和确认等过程域活动相关。

学习阶段与确认活动相关。它也与 CMMI 中的监测和控制的实践相关。

组织可能投入大量精力来创造一个健壮的产品开发过程。因而在开发过程改进的过程时，组织应为这个过程建立一个量身定制的指导方针。

---

## 7.2　客观证据

客观证据是评估最关键的一个方面。正如第 2 章"SCAMPI 的新特性"中讨论的，SCAMPI 是一种验证方法而非发现方法。这说明组织有责任提供客观证据以证明它的进程满足模型的实践和目的，以使评估小组据此验证模型是否被执行。模型对于每个实践提交什么客观证据做了提示。实践陈述意味着有些工作产品是通过满足实践过程任务而产生的。例如,需求管理中特定实践 1.4-2 进行了这样的描述:"**在需求、项目计划和工作产品间维护双向的跟踪能力**"。我们应该能够通过一个可跟踪性报告来表明双向的跟踪。典型的工作产品也会给评估小组观察一个组织给出提示。下面例子来自于同一实践。

典型工作产品

● 需求跟踪能力矩阵[PA146.IG101.SP104.W101]
● 需求跟踪系统[PA146.IG101.SP104.W102]

模型中其他实践并未标明什么是客观证据的清晰概念。那我们应该如何有理由确定我们和评估小组用同样的方式解释模型呢?

评估中另外的一个因素是小组将会查找下面 3 种证据:

● 直接证据
● 间接证据
● 断言

现在你或许会问,"为什么我现在的学习模型中没有描述各种不同类型的证据呢?"评估方法专家们创造了 PIID 去帮助组织和评估者了解过程产生的证据类型和在评估每个实践时寻找什么。这些文档对于什么能作为客观证据提供了进一步提示。记住,对于那些精确定义的过程产生什么工作产品,评估要求有足够的证据确定需求的过程,以使组织能够跟踪这些产品,使评估小组能**确认**过程是否满足成熟度模型。

那么,这些 PIID 是什么,为什么以前没有见过呢?实践执行标识的基本思路建立在这样一个假设上,即任何活动或者实践的结果归于满足于实践的证据。表 7.1 描述了相同实践的 PIID,以及 REQM 和特定实践 1.4-2。

每个 PIID 列出了可参考的目标声明和实践声明。然后展示了该实践的直接证据、间接证据和断言的示例。注意 PIID 也列出了跟踪矩阵或者跟踪报告作为直接证据。但是间接证据呢?它列举了一些能供证明实例正在进行的示例。大部分 PIID 不列举任何断言。

PIID 接下来的部分提供了一些评估所要考虑的事项。有诸如导航、解释或者面向评估员的讨论。当然,如果被评估组织知道评估人员正在寻找什么,那么该组织会帮助他们准备接下来的评估。

这样一个小组就可以用这些来为项目产生的过程产品或其他产物编写文档。

下一段,评估小组记录,可在评估中用来使每个实践小组的记录文档化,并且使之在产生产品的活动中使用。

PIID 放置在 SEI 网站上。AMET 未针对模型中的每个过程域提供 PIID。附录 B"实践执行指标描述"包含了作者为每个过程域提供的直接和间接证据标识。

表 7.1　REQM SP 1.4-2 PIID

| 目标 ID | REQM SG 1 需求得到管理,项目计划与工作产品的不一致得到识别 | | |
|---|---|---|---|
| 实践 ID | REQM SP 1.4-2 在需求与项目计划和工作产品之间建立双向跟踪 | | |
| PII 类型 | 直接产物示例 | 间接产物示例 | 断言 |
| 证据示例(需要寻找或倾听的) | [1. 需求跟踪矩阵]<br>• 在系统分解的每个应用层上表示需求与项目计划、工作产品间可跟踪性的报告或者数据库 | [2. 需求跟踪系统]<br>• 标准、完成的检查清单以及需求可跟踪性复查的备忘录<br>• 需求跟踪日志<br>• 在生命周期中修订与维护可跟踪性<br>• 列出生命周期中项目计划、工作产品复查中包含的已分配的需求<br>• 用来支持影响评估的需求映射 | |
| 评估所要考虑的事项 | • 纵向和横向跟踪都要包含(如跨功能和/或接口)<br>• (我们如何评估需求到"项目计划"的可跟踪性? 这很可能更为隐蔽,并被应用到诸如测试计划、V&V 计划等计划中。请参见可能被影响的项目计划的 PP 过程域。评估小组必须就如何使用它来与被评估组织达成一致)。如果需求并没有驱动项目任务或者行为,项目又该如何前进? | | |
| 组织执行证据 | | | |
| 评估小组记录 | | | |

现在你知道什么是 PIID 了,那么该如何使用呢? 我们推荐的使用 PIID 的方式是用生成映射到模型的客观证据考虑直接和间接工作产品。你也可使用模型,特别是实践说明、典型工作产品来决定什么是最好的方式展示你的过程。但不要完全依赖 PIID、实践说明或者典型工作产品。记住你的过程是为了你和你的组织设计的。他们生产的工作产品应当首先支持你的事业目标。

## 7.3　贯通各学科的评估策略

SCAMPI 评估方法可具体地通行各个领域,不论 CMMI 模型和待评估的领域有何个性。实际应用中会略有区别,例如确定评估小组成员中学科专家的和组织单位中参与者的选择等。我们这一节讨论在执行模型实践时如何使相关学科领域的评估得到全面有效的覆盖。

覆盖是一个尺度,即对一个组织在做什么和如何工作的广度(例如软件、系统、集成产品开发过程等)的一个量化描述,它是对一个组织的工作范畴和路径做一检验。对学科做一恰当的覆盖很大程度上取决于组织的工作范畴。一个组织有他特定的组合结构以使其最有效地达到该组织的目标,商业目标驱动组织各部分的部门目标。因此覆盖最终与组织的目标息息相关。

有这样一个问题,不同的组织结构常常要求对 CMMI 提出不同的释义,这种释义给 SCAMPI 评估所关联的覆盖带来直接的冲击。例如,商业目标可能会导致这样的组织结构:小的项目团队,短期项目,地域上分隔的组织,维护组织,基于组件的开发项目,内部开发项目,等等。如果 CMMI 方法被裁剪成给不同类型组织结构中完成工作流所需的方法,那么评估方法亦应相应调整。实际上 CMMI 的最初制定充分考虑到了各学科的需求,为此对各领域的覆盖应不成问题。

图 7.2 示范的是一个领域覆盖的三维环境:过程、能力和性能。过程能力是组织过程改进经验和过程改进中领域种类的一个标尺。随着组织改进它的系统过程改进活动,并包含更多的过程域,组织的工作流过程的整合愈显突出。改进的工作流过程可包含更多的组织,为此 SCAMPI 评估覆盖率需要立即扩展。随着组织提高其过程成熟度,决策过程中的度量就会愈显重要。

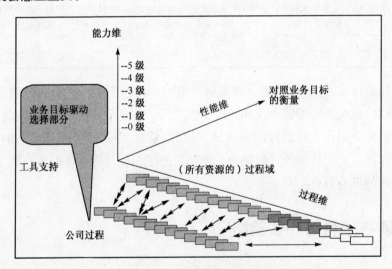

图 7.2　领域覆盖的关联

无论是阶段式还是连续式表示法都会面临这样一个问题:一个组织是否应该评估一个在其工作流过程中没有使用的过程域呢? 这个问题的解答很大程度上取决于具体情况具体分析。

阶段式模型表示方法可确定一个现有成熟度级别过程域的数量和类型。通常来说,过程成熟度级别愈高,领域覆盖面愈会更重要也更复杂。高成熟度等级要求包括的领域更多,同时被评估的过程域数量也愈多。此外,成熟度等级愈高,统计学和其他过程测量机制在不同领域的交互愈强烈。与低等级的成熟度模型相比,SCAMPI 评估方法在高成熟度等级中会比在低成熟度等级中有着更加激烈的领域交互。高成熟度等级中的一个问题是如何让过程域与组织的工作流有机交互起来。连续模型的表示方法允许选择影响相关领域的过程域。这就需要详细理解组织的工作流过程和目标,以决定是否选用正确的过程域和相关领域。

能够保证跨越能力、过程和度量这 3 个维度的合适领域覆盖的关键,是对商业事务、过程整合和干系人的参与及期望这三者的理解。从这方面来说,工程干系人的参与包含了与组织、工程、项目过程和整合相关的商业事务的所有方面。下面几段侧重这个问题的讨论。

因为 SCAMPI 是一个基于将组织过程和 CMMI 模型对照的评估方法,因此模型并不能精确地映射企业所面对的有关组织、工程和商业事务问题。在组织层面上的一个难点就是理解如何让 SCAMPI 评估方法有效表达一个组织的目标对整合一词的含义。例如,在组织层面上常常有一个商业目标,来定义和整合过程和整个组织中不同组织实体之间的接口(例如工程、制造、市场、质量、销售、人力资源等)。通过这样的定义和整合,可以使组织减少开销并提高生产力。遗憾的是,当今的组织中有许多组织过程被堆叠在一起而不是整合,结果就会在谁拥有特定的 CMMI 实践以及如何让这个实践最行之有效地达到效果等方面造成混淆。在工程级别中最大的难点是如何清晰地理解如何让评估在工程目标上获得整合。工程表示了各领域间的活动,并能生成一个满足干系人需求的可工作的系统。工程功能与绝大多数组织实体都有关联。很关键的一点是我们常常缺乏在工程和其他组织实体之间的接口定义。例如,我们有可能弄不清这些接口点为满足特定实践而生成的类型和数据数量。项目层面的难点是如何清晰地认识怎样让评估在项目目标上集成。其关键的一点是,为 SCAMPI 评估所选择的项目要覆盖整个采购生命周期。对于一个被选择出来完成 SCAMPI 评估项目的作用域可包含实体获取的生命周期。例如,新的开始不能提供已执行的下跌过程的证据,遗留的老系统也无法示范新的过程。

另一个需要侧重考虑的是干系人(和所有相关工作产品)。这包括选择合适的干系人,并确保有恰当的工作产品来证实过程正如期进行。SCAMPI 评估与 CBA IPI 评估最大的不同在于前者多关注于确认,而后者多依赖于发现。通常,SCAMPI 准备就绪复查的目标定位为确保信息已能够被 SCAMPI 评估小组使用,并且只需有限的努力就可以发现新信息。这种关注于确认而不是发现的方法使得我们必须认真识别合适的干系人,并选择能够证实被评估过程的相关工作产品。难点在于如何选择这种既知道组织如何运转又了解组织如何实现被评估的过程域的合适的参与者。待评估的领域内能够包含诸如组织是做什么的和组织是怎样工作的这样的问题。CMMI 需要确认并让干系人加入进来,执行和监控干系人加入的计划,并对有可能导致相干人无法参加的事件进行恰当的校正。根据CMMI,干系人是这样的一个团体或个人,"他们能够影响企业的成果,或者以某种形式对企业产品负有责任。干系人可包括项目成员、供应商、顾客、最终用户或其他人。"关键在于CMMI 将干系人定义为直接参与过程活动的干系人。这些人士可能参与这些角色中的一个或者多个:计划,制定决策,沟通,与项目组外团体相协调,复查工作产品,参与过程评估,提供跟过程或者项目相关的人员需求,参与需求制订并帮助解决问题。

## 7.4　初始过程改进

当组织处于集成过程改进的初始阶段时,在执行 CMMI 评估时应该考虑哪些具体问题呢? 评估的初始阶段可能有来自多方面的挑战。本节着重介绍组织在进行集成过程改进的早期阶段应关注的问题。这里列举的许多素材是软件生产力协会(Software Productivity Consortium)在协助很多组织达到其系统过程改进目标后的经验总结。考虑这些问题的最佳时机应该是 4 年到 5 年之后当我们掌握更多有关各个组织应用了 CMMI 时,因此现在我们只是列出了这方面的一些典型问题。

**复杂性**:一个很大的难点在于如何在关联性陈述不清晰时正确理解 CMMI"语言"。CMMI 的作者们整合了 CMMI 源模型的经验教训,使 CMMI 所涉及的组织范围比其任何一个源模型更广泛。SW-CMM 是基于一套软件方面的关键过程域(KPA)的实施,而EIA 731 模型则是基于一个组织选择的适用的焦点域。CMMI 通过创建一个软件组织所熟知的阶段式表示和一个与系统组织兼容的连续式表示,整合了这两个概念。这两种表示允许组织既可以实现既定的 CMMI 过程域(阶段性表示)也可以实现 CMMI的一个自主选定的过程域(连续性表示)。任何一个组织都会发现在实践域甚至是过程域(PA)间存在交选和依赖。与源模型所遇到的问题相同,一个组织,特别是那些并不完全应用传统的系统开发生命周期的组织,往往无法在其自身的工作环境中找到与所有 CMMI 过程域和实践域相应的东西。即使是 CMMI 中所使用的某些术语,一开始也往往被视为"并不适合我的环境"。

小组织,特别是那些觉得源模型过于庞大的小组织,会发现 CMMI 更为庞大和复杂,对于这些组织而言,需要一个避开庞大过程域和实践域的指导。

采用"敏捷"方法学的组织一开始可能会认为 CMMI 的需求与他们的目标和实践

正好相反。对于这些组织,理解怎样解释大量的 CMMI 实践域是十分重要的。

如前所述,评估方法需要把评估的环境,包括商业驱动、组织关注点、开发生命周期框架以及组织环境中的其他元素等一并考虑。

**规模:**不论组织有无过程改进的经验,都有可能会被 CMMI 模型及相关的 SCAMPI 的大小和复杂性搅得无从下手。两种表示法(连续式和阶段式)的指导书各有 700 多页,还有更多的领域需要合并和匹配,搞好 CMMI 似乎是令人生畏的工作。然而,随着对 CMMI 的深入理解,你就会转而认可这些内容所提供的附加值了。

有几个原因使得 CMMI 规模庞大。作为 3 个源模型的整合,CMMI SE/SW/IPPD/SS 拥有比任何一个源模型都要多得多的实践域。举例来说,在 CMMI 阶段式表示中共有 494 个特定实践和通用实践域,而在 SWCMM 中则有 316 个关键实践域。

CMMI 整个范围内(CMMI SE/SW/IPPD/SS)包括 25 个过程域,这一数字也比任何一个源模型要多。它同时也在整个开发生命周期中提供了比任何一个源模型都要多的过程指导。

CMMI 过程域的结构比它的源模型都更为综合。因此,CMMI 过程域所对应的实践数量要比它的源模型过程域对应的实践数量多。

CMMI 提供的信息性材料比任何一个源模型提供的都要广泛。在熟悉了 CMMI 以后,如果它的规模仍然是一个组织应用它的一个障碍的话,组织可以建立一个转化后的、更小更有针对性的 CMMI 模型。

根据 CMMI 及 SCAMPI 描述的大小[比如标准 CMM 过程改进评估方法 (SCAMPI) 版本 1.1:方法定义文档(MDD)超过 200 页],评估小组最起码应该提供一个有关什么是 SCAMPI 以及其相关角色及责任的实施摘要。对于关键的干系人,最好能有一个 SCAMPI 模型整体的观点以获取更广阔的信息(比如每一个预期的评估小组成员将要阅读一大段的 MDD)。

**过程域及实践域的适用性:**有些组织发现,基于当前的工作方法很难把 CMMI 的过程域和实践域应用到他们当前的工作环境中。忽略那些不适用的过程域和实践域是其诱人的道理,CMMI 的第 6 章阶段式表示指明某一个过程域如果"不适用",可以将其排除在外。"不适用"这一术语被进一步定义为"不适于组织的工作范围之内。"在这种情况下,组织可以达到一个说明了哪些过程域不适用的成熟度等级。

有个别组织曾认为 PPQA 不适用于其自身情况,因为顾客并不为这部分买单。评估小组这时可正确判定此过程域对该组织的适用性,并基于此拿出一个 2 级 CMMI 成熟度的认定,以确定满足这一过程域与否。CMMI 的作者们认为"排除"是指真正不在组织工作范围内的内容。一个典型的例子就是 SAM,对于没有任何外部供应方供给产品和服务而关注开发的组织来说,这就是需要排除的。

大多数情况下,组织所面临的一个难题是明晰如何开发一个未曾实施的过程和实践。当然,任何组织都可以选择使用连续式表示,然后选择特定过程域来放入它的过程域集合中。这样,组织就能够关注最适合其商业需要和资源的过程域和实践域。对于不需要成熟度级别,或不需要通过某一成熟度级别但试图让特别的过程域达到某一能力级别的组织来说,是个不错的主意。

## 7.5  CMMI 中的重叠

CMMI 中的过程域、特定实践和通用实践之间并不是完全地没有彼此交叠,实际上这些组件之间存在着重叠与依赖。它包括:

**特定实践与通用实践的重叠:**一个例子是通用实践 2.7"管理配置和配置管理过程域",那些已经对所有 CMMI 成熟度 2 级的过程域进行了配置管理并使之制度化的组织会发现,他们实际已在所有成熟度 2 级的过程域上满足了通用实践 2.7。然而,一些看起来与通用实践相重复的特定实践却大不相同。举例来说,PP SP 2.4-1"对实施项目资源做计划"表面看起来似乎与通用实践 GP 2.3"提供资源"相重叠。而进一步研究则表明两者是相关而不是冗余。比如,PP SP 2.4-1 创建了资源使用的计划,而 GP 2.3 实际要求该计划被实行以满足需求。

**基础和高级实践:**连续模型中的工程过程域包括基础和高级的实践,在某些情况下,高级实践是建立在基础实践基础上的。基础实践可以用实践数字后面加上 1 来表明。例如,RD 特定实践 1.1-2"抽取需求"是一个高级实践,它建立在名为 RD 特定实践 1.1-1"收集相干人的需求"这一基础实践上。另外,有些高级实践并不是建立在基础实践之上,而是指向另一个高级实践(能力等级 2 或是更高)。这样的一个例子是 TS 特定实践 2.4-3"进行制造、采购与重用的分析"就是一个能力级别为 3 的高级实践。

**基础和高级的过程域:**四类过程域(过程管理、项目管理、工程和支持)中每一个都包括了基础和高级过程域,比如,在支持类的过程域中,CM,PPQA 和 MA 是基础的过程域,而 DAR,CAR 和 OEI 是高级的过程域。

**过程域依赖:**尽管过程域已经被分为 4 个类别,在某些过程域中依旧存在依赖。比如,DAR 这个属于支持类的过程域,描述了一个如何在 TS 中选择技术解决方案以及如何在 ISM 中选择供应商的正式评估过程的特定实践。

对于 CMMI 的新手来说,重叠和彼此关联也许令人头疼,也使得 CMMI 显得复杂。我们建议你将 CMMI 的第 2 章至第 6 章再次仔细地研读,来解决这一问题。

## 7.6 文档的重要性

CMMI 比起源模型更要求文档的建立。举例来说,GP 2.2"为过程域计划过程"要求建立并维护过程。在 CMMI 的第 3 章"建立和维护"是指文档化和使用文档。因此,对于能力或成熟度在 2 级或者 2 级以上的组织来说,基本上所有过程都必须文档化,并将其结果产物一起作为评估的客观依据。

即使没有马上要来临的评估需求,能够认识到这些文档对一个企业的重要性也是很重要的。文档化的过程能减少或消除应该做什么的疑惑,使活动更具有规范性。不断记录并回顾所发生的事情能够有效沟通整个组织当前的事务状况,避免由于不了解最新变动引起的混乱以及人事和组织上的返工。

## 7.7 评估发起人需考虑的事项

对任何系统过程改进来说,不同类型的参与者都很重要。他们包括倡导者(往往是首席执行官、首席运营官或者是能为企业谋取利益的政府代表)、赞助人(往往是工程副总或者是有远见、有资源的公司部门负责人)、变更代理,以及为了改进其过程的个人,如图 7.3 所示。发起人往往最重要,因为他或她是建立或维护企业承诺的真正源泉。

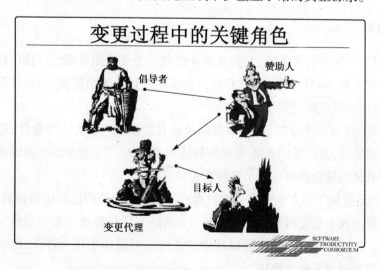

图 7.3 变更过程中的关键角色(软件生产率联盟 NFP 公司版权所有)

在计划时最重要(也最困难)的难题之一就是同评估发起人达成符合现实的一致性的期望。这其中的关键是理解发起人所参照的框架。通常,刚刚开始改进过程的组织往往由工程基础设施组织来保证,这些基础工程组织可以满足组织的内部或外部需求。然而,CMMI 实际经常让组织提高其整合的工程企业,并为此使更多的组织,如人力资源、采购、财务、生产等,加入到水平功能整合上面来。作为一种结果,发起者会随着时间的推移有所改变。

## 7.8　CMMI 的角色

CMMI 的许多实践并没有明确指出个人或团体在活动中所扮演的角色。这使得为活动分配责任的灵活性达到最大。CMMI 在委派责任时给予了一些指导以避免责任冲突。例如,从事质量保证的个人被期待着具有客观性,CMMI 也同时指出"从事质量保证活动的人员应与那些直接参与产品开发或维护工作的人员分开"(PPQA 说明书)。缺乏给角色定义往往是活动得不到完成的一个问题。难点在于确保在评估准备过程中活动能够得到评价(比如文档在一个适当时期公开化以保证制度化)。

## 7.9　高成熟度组织

本章探讨与高成熟度组织评价有关的专门问题。

### 7.9.1　总括

首先,对于一个有着第 3 级,尤其是第 4 级和第 5 级成熟度/能力的组织来说,该评估的是业务过程本身,而不是模型的过程域。分级的过程分为两部分:确认过程所包含的基本实践,以及为过程成熟度定级。

3 级组织内部有一个标准过程,根据项目而有所裁剪。作为一个整体,组织理解保持过程一致的重要性,同时组织员工参加各种应有的培训。组织内部的管理得到更好地整合。收集的各种测量数据可应用于各种有关项目。

4 级组织通过量化的方法管理关键过程。他们知道他们的过程应当得到怎样的结果,并且会在结果出现不稳定时采取何种措施。4 级的实现是通过收集和分析关于子过程和产品的数据。这些子过程和数据可以让组织了解正常情况是什么样子,以及在数据显示不正常情况发生时应采取的措施。

5 级组织会持续不断地改进他们的流程。这包括搜寻和铲除引起产品和过程错误的原因，并不断融入适应的新技术。5 级是通过根据分析错误原因分析的经验总结不断提高组织的标准过程得到的。很明显，在连续模型中第 4 层、第 5 层都与分级模型级别相同。

## 7.9.2　评价中的独特性问题

- **高层次的概括**：为了使 CMMI 模型具有更为广泛的应用能力，模型必须概括。在 CMMI 中术语也尽可能更具有一般性，适合多目标，而且保持中立。这种高层次的概括能够允许模型应用于众多不同环境，但是也会使那些位于经验有限的更高层级成熟度的组织评估存在重重困难。评估小组需要努力寻求与被评估组织对于业务需求的共同理解。这种理解在高成熟度层次尤为重要。为此评估范围即可变得更广。
- **社会化的需求**：一般来讲，高成熟度包含更多的组织结构、人员和过程拥有者。CMMI 和 SCAMPI 评估过程的社会化需求在过程改进初期并不是重要的。如果一个组织只意识到寻求帮助来应付 CMMI 的难题，却不能理解 CMMI/SCAMPI 的范围和意图，就有可能无意识地走到错误的路线。
- **CMMI 既非过程也非标准**：SCAMPI 评估方法使组织能够洞察并达到相应过程的组织运转能力。CMMI 是一个模型，而不是一个过程或者标准。模型是现实的表示，而并不是现实本身。对于一个 CMMI 表示的可用过程，CMMI 能够帮助识别出大部分重要的实践，但并不能替代组织用来使其业务更有效或替代过程中描述的那些活动。很多情况下，一个组织可以识别对其业务活动至关重要的流程，却不能将其归入 CMMI 模型（例如人力资源获利的流程）。与相对低成熟度的组织相比，这种情况对覆盖了更多工作流程的高成熟度组织来说尤为正确。
- **组织过程可能与 CMMI 过程域不吻合**：一个组织的过程是为了满足组织的需求，组织不应为了迎合 CMMI 过程域而重写其工作过程。然而，如果一个组织计划在 CMMI 环境下衡量其过程，那么就必须达到 CMMI 模型的目标。因此，评估要求组织能够将其过程映射匹配到 CMMI 的实践元素下，以便分析其过程，验证 CMMI 的所有需求和每个目标所期待的元素。SCAMPI 就是设计用来保证这些目标的通达。
- **CMMI 不必照本宣科**：CMMI 并未要求每个实践都与所述达到"字对字"的吻合。相反，CMMI 认为"组织必须利用其专业的判断来解释 CMMI 实践。虽然过程域描述了组织需要完成的行为，然而，实践必须在充分理解 CMMI 模型的基点、组织、商业环境和特定环境的基础上予以解释和转译。"在高成熟度的组织中，工作流程会为了提高性能而进行修改，评估必须也要将其考虑进去。

- **CMMI 同样适用于那些不做软件或系统开发的组织**：很可能一个组织有着很高的成熟度，却并不开发软件或者系统。然而，这并不意味着他们没有工程开展。对于这类组织，如果没有适宜的计划评估将会很困难。从事服务、指导研究或者开发其他产品的组织可能会有类似工程的活动过程，比如将顾客的需求、期望和意见转化成为产品解决方案，并在产品的生命周期中支持这些产品解决方案。CMMI 实际上也提供了与这些实践相应的信息。另外，CMMI 使用类似"适合的"和"必要的"来区分不同组织或者项目的需求。

  对于那些存在一个或者多个过程域，或者实践不满足组织的业务过程而且也没有为组织的过程增加任何价值的情况，组织可以考虑使用连续式表示法，并关注与对组织有用的过程域。组织也需要辨识出与模型实践类似的对于目标完成有用的其他实践元素。

- **CMMI 并非组织所需的唯一质量评估模型**：虽然 CMMI 比其任何先前的源模型覆盖更多的过程域，但仍然不能涵盖商务组织的所有过程，也不能对于组织的所有类型问题提供指导。组织应有其他模型、框架、标准以及方法来提高组织的效率和能力，以达到组织的业务目标。另外，很多组织可能被其客户要求满足某个指定标准，比如 ISO9001：2000，来与其他模型(比如六西格玛或者 Lean 工程)相一致。通常，一个高成熟度组织必须满足多个标准和模型，并限制评估的数量。为此，SCAMPI 也应收集其他评估方法的信息。

- **评估花费**：过程域数量的增加通常会使高能力/成熟度等级的评价耗费增加。由于 CMMI 超出其他源模型约 40% 的实例，因此对于同等成熟度和能力等级来说，CMMI 评价往往时间更长，花销也更大。要控制消耗，SCAMPI 需要：

  ◆ **多关注于过程的验证**，将更多精力放在一个组织对于客观证据的准备上(直接和间接的产物和断言)。

  ◆ **少关注过程的发现**。缩减寻找证据的过程可减少评估的时间。

  如果一个企业的过程整合贯穿整个组织内部，花费也会随之减少，评价组织的规模和范围得到扩充。如果你的组织已经将 CMMI 实践的明确解释文档化，把这些在评估前预先提供给评估小组，同样可以减少开销，增加评价的准确性。

- **组织过程组的架构**：图 7.4 表示了该组织**过程组**(OPG)的基本架构。通常情况下，对于那些寻找整合其组织质量管理过程(比如 Lean 工程、约束理论、六西格玛和 CMMI)的高成熟度级别的组织，通常都会把 OPG 放在组织较高的层次上(比如从本地到大企业范围)。

- 本地、工程或企业范围内
- 任何级别上的分离、协调或者集成

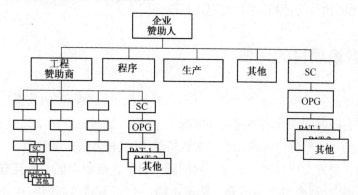

图 7.4　组织过程改进

## 7.10　工具

　　组织需要决定用于评估的工具。有些工具来自于供应方,可以帮助准备和完成评估。以下所列的是一些用于选择或者开发工具需要考虑的因素或者需求:

- 能够链接所有文件的来源
- 能够在项目的实践实例中添加说明
- 能够增加复查或检验方的说明
- 能够跟踪实例状态
- 能够获得评估者小团队的注释
- 能够获得评估者整个团队的注释
- 能够跟踪每个实践实例的状态
- 能够跟踪每个实践的状态
- 能够跟踪每个目标的状态
- 能够跟踪每个过程域的状态
- 能够产生诸如项目、确认方和评估小组的多用途报告

　　评估工具可为组织提供 PIID 信息,在评估范围内评估小组需要这种 PIID 信息。创建这种信息可以帮助组织对照模型评估它的过程。它能够产生测量数据来帮助组织了解其所处的位置,也可以帮助为评估和建立评估结果文档做计划,并提供过程改进的信息。

　　安装部署这样的数据库可能是昂贵的。如果没有严格规范的数据源,维护将会很困

难,但这样也是值得的。这是因为通过这个数据库可以展示组织中过程进展情况,并可用来培训员工、理解执行的过程,并对过程进行改进。

## 7.11 多组织项目的评估

成熟度模型的初始概念基于所有项目都归属某个组织"所有"的前提(或假设)。唯一例外的是某些有限制的子合同。在这种情况下,项目可通过独立的 2 级过程领域来处理,或使用裁剪过的 3 级标准过程域。在大多数情况下,这种方法非常有效。

这种方法在处理大项目时会遇到一些问题。对于花费数十亿美元且有多个大型公司参与的项目来说,这种模型并不适合。甚至由同一公司不同的部门或业务单元参与的小项目也会遇到同样的问题。当客户或者是领头的组织决定在某一级别对项目进行评估时,SCAMPI 的问题就会出现。同样,如果组织希望通过个体的数据证明总体项目级别,就会出现概念性的问题。

开始时,项目评估都须从级别 1 开始,尽管如果所有参与者都在级别 5。这是因为项目中不可能有完全一致的过程。参与者需要裁剪他们自己组织的过程以期标准化作为他们实现 3 级或更高级别的状态。所有过程都相同的可能性几乎为零。

然而,有一个解决方案。核心的组织必须定义一个全局的方法。然后其余的参与者调整他们自己的标准以便集合到此项目方法中。核心的组织与其他组织搓商完成项目方法的接口,同时保持自身过程成熟度的利益。

当工作可以分工明确时,问题就会得到简化,内部过程步骤间的活动接口愈少,总体项目愈易完成。过程整合包括产品开发整合显然并非易事,评估小组成员必须精通冲突过程的处理。

当项目操作趋于高成熟度而某些参与者却来自低级别时,就会出现另外一些问题。对于那些来自成熟度低于 3 级的,这意味着要将过程成熟度的基本概念重新进行介绍。从头开始某些时候是痛苦的。对于 4 级或 5 级来说,项目则须先从定义的度量化开始,以使参与者使用标准化的度量集成。以上这两种情况都建议核心组织担当起培训的角色,并且乐于指导那些不甚成熟的组织,直到他们可以独立工作为止。

核心项目还应建立项目过程基础设施和组织。这意味着要有一个或者多个发起人、一个跨组织的监督委员会,以及一个集成的过程组。这些都应作为项目运转的合同的一部分。

对 SCAMPI 评估的影响是多方面的。最主要的因素是评估小组必须认识到那种平常意义下的组织、级别以及裁剪可能并未出现。评估小组会遇到难解的概念,例如在开发一个通用项目方法时,评估小组中的成员可能使用私自标准源。基本概念诸如高级别的组织政策等,会受到项目政策以及其他同时使用的各自组织政策的影响,甚至产生冲突。然而,如果对此有所认识的话,这些问题是可以解决的。

另一个影响是评估的规模。评估一个位于多个地理位置的组织很常见,有时组织的位置可能更为分散。对一个大型项目来讲,这可能会成为一个难题。电子通信的使用会给多地点评估带来帮助。然而,有些时候必须以现场方式来谋求处理方法的统一。分散式的评估过程有时是需要的。当然这样的难题是将评估结果集成以获得一个整体的结论。

虽然应用 SCAMPI 存在很多新问题,不过这些问题是可解决的。许多项目非常漂亮地解决了这些问题。通常,真正的工作在于开发和执行项目范围内过程的方法和成熟度。当这项工作完成后,评估通常就会相应地容易了。

# 菜　谱

现在,你的 SCAMPI 评估已经完全结束了,你已经达到了你想要级别,你可以为下一轮过程改进活动做准备了。这时,我们建议你为过程改进小组办一个聚会,下面就是我们推荐的主菜!

**传统"蒜味大虾"**

11/2 磅的大虾

8 T 纯黄油

1/5 c 橄榄油

1/3 c 干白酒

4 T 碎蒜

适量的盐和黑红胡椒粉

1/3 c 的欧芹

1/3 c 的调味面包屑(可选)

1/4 c 意大利干酪

从背部将虾切开,只留尾部虾壳。用中火加热黄油和橄榄油,将碎蒜炒软但不要炒焦。加入酒和虾。持续每面翻炒约 1~2 分钟,直到虾变红变硬。根据各人的口味加入盐和胡椒适量,撒上欧芹和干酪。加入调味面包屑(可选)。跟意大利面条或者米饭一起食用,适合 6 个人聚餐。

# 附录 A　词　汇

**精确观测（accurate observation）**

　　由评估小组决定的对于评估中收集来的数据的观测，它含有如下特征：(1)措辞适度；(2)基于看到或听到的信息；(3)与使用的评估参考模型相关；(4)明显以便分类成长处、弱点和可选实践；(5)与其他观测不重复。

**可选实践（alternative practice）**

　　CMMI 中用来代替一个或者多个通用或特定实践的实践，通常与模型中实践在满足需求方面等效。可选实践并不一定要等价于一个通用实践或者特定实践。

**评估（appraisal）**

　　由一个受过训练的专业小组，基于一个评估参考模型对一个或者多个过程的检查，以发现长处与弱点。

**评估行动计划（appraisal action plan）**

　　说明了评估需要收集信息的详细计划。

**评价发现物（appraisal findings）**

　　参见"发现物"。

**评估输入（appraisal input）**

　　在可以着手数据收集之前对于需要的评估信息的收集。

**评估方法类（appraisal method class）**

　　分配到一个评估方法的符合 ARC（CMU/SEI-2001-TR-034）需求的一个已定义子集的指派。在典型评估方法应用中，ARC 定义了 3 个类型。

**评估目标（appraisal objectives）**

　　根据评估发起者的商业目标，期望从评估中得到的结果。

**评估输出（appraisal output）**

　　评估的一切所得结果。参见"考核记录"。

**评估参与者**（appraisal participants）

在评估期间参与提供信息的组织的成员。

**评估定级**（appraisal rating）

评估小组分配给（1）CMMI 目标或者过程域、（2）某一过程域的能力级别或（3）组织的成熟度级别的值。定级是通过实现使用评估方法定义的指定级别的过程而得到的。

**评估记录**（appraisal record）

与评估相关的收集到的有序且文档化的信息，它加深了对于评估发现物和生成级别的理解和验证。

**评估参考模型**（appraisal reference model）

评估小组用来参照的已执行过程活动的模型。

**评估范围**（appraisal scope）

围绕组织限制和 CMMI 模型限制的评估边界的定义。

**评估发起人**（appraisal sponsor）

评估组织内部或者外部需要执行评估并提供评估所需的资金或其他资源的人士。

**评估裁剪**（appraisal tailoring）

在特定实例应用中对于评估方法中可选项的选择。其目的是协助组织将评估方法与商业需求目标取得一致。

**评估小组领导者**（appraisal team leader）

领导评估活动并且满足评估方法中定义的经验、知识和技能等资格条件的人员。

**估定**（assessment）

组织用于自身过程改进进行的评估。

**能力评价**（capability evaluation）

由受过训练的专业小组进行的用来选择供应商、监控合同或进行激励的评估。这种评价可以帮助决策者进行更好的采购决策，提高次承包商性能，并为采购组织提供一种洞察能力。

**取得一致**（consensus）

一种制定决策的方法，它允许小组成员建立一个基本共识，并就一个全员同意的决策达成一致。

**综合(consolidation)**

一种活动,它将评估中得到的信息收集并总结为一个可管理集合来:(1)决定数据确证和覆盖领域程度,(2)确定数据是否足以做出判断,(3)必要时修正数据收集计划来获得足够数据。

**确证(corroboration)**

在多大程度上,收集的客观证据可以确认观察结果可以被评估小组使用。

**覆盖范围(coverage)**

在多大程度上,收集的客观证据覆盖了评估模型和组织范围。

**数据收集会话(data collection session)**

收集那些迟些时候用做观察或确证基础的信息的活动。数据收集会话(或活动)包括工具的管理和/或分析、文档复查、访谈和陈述。

**发现物草稿(draft findings)**

通过巩固与综合确认的观察,评估小组初步找到的发现物。发现物草稿用来向评估参与者保证精确性。

**对等阶段(equivalent staging)**

使用连续表示创建的一个目标阶段,从而使使用目标阶段的结果可以与阶段表示的成熟度级别对应起来。这种阶段允许在组织、企业、项目的过程中评分,而不用顾及使用的 CMMI 表示方法。组织可能实现 CMMI 模型的没有报告的组件来作为对等阶段的一部分。对等阶段仅仅是一个用来在成熟度级别上关联组织和其他组织的一种工具。

**评价(evaluation)**

参照"能力评价"。

**发现物(findings)**

那些标识了评估范围内最重要事情、问题和机会的评估结论。发现物至少包括基于有效观察所发现的优势和不足。

**工具(instruments)**

数据收集和表示过程中用于评估的工具(比如调查表和组织单元信息包)。

**访谈(interviews)**

评估小组成员与评估参与方的一次会议,目的在于收集与工作过程有关的信息。

**评估领导者(lead appraiser)**

一个获得授权用特定的评估方法执行评估的评估小组领导者。

**客观依据(objective evidence)**

定性的或定量的信息、记录或关于某事物特性的事实、服务或过程元素存在与实现的陈述,这些依据都基于观察、测量结果、测试,而且都是可证实的。

**观察(observation)**

一份书面报告,用来表示评估小组成员对在评估数据采集阶段看到的和听到的信息的理解。这份书面报告可以采用陈述的形式,也可以在保留信息内容的情况下采用其他形式。

**组织单元(organizational unit)**

目标评估组织的一部分(也被认为是评估的组织范围)。一个组织单元部署一个或多个过程,这些过程拥有一致的过程上下文,在一个业务目标的连续集内操作。当组织很大时,一个组织单元就是这个组织的某个部分;当组织较小时,组织单元就可能是整个组织。

**过程属性(process attribute)**

可应用于任何过程的过程性能可测量的特性。

**过程属性成果(process attribute outcomes)**

过程属性实现的结果。

**过程上下文(process context)**

在评估输入文档中的一系列影响判断以及评估定级兼容性的因素。这些因素包括(但不仅限于这些):(1)被评估的组织单元规模;(2)组织单元的人口统计;(3)产品或服务的应用领域;(4)产品或服务的大小、危险程度以及复杂性;(5)产品或服务的品质特性。

**过程概要(process profile)**

评估范围内分配给过程域的目标等级集合。在 CMMI 中,也被称为过程域概要。

**等级(rating)**

参照"评估定级"。

**满意的**（satisfied）

当相关的通用或者特定实践（或可接受的其他实践）被实现，并且所有不足的综合不足以明显影响到目标实现的情况下，分配给目标的等级。当所有目标都被标识为"满意"时，那么该过程域就会被定为某个级别。

**优势**（strength）

CMMI 模型实践中值得借鉴的实现方法。

**裁剪**（tailoring）

参照"评估裁剪"。

**有效的观察**（valid observation）

一个评估小组成员认为满足(1)准确的、(2)确证的、(3)与其他准确及确证的观察是一致这 3 个条件的观察。

**缺陷**（weakness）

无效或缺乏一个或多个 CMMI 模型实践的实现。

# 附录 B 实践执行指标描述

本附录[①] 提供了一个起点,以帮助识别模型每个实践的直接和间接证据。理解到这些工作产品是执行由组织机构确定的过程的结果这一点是很重要的。这个列表可以由组织根据情况裁剪,以在准备评估时收集证据。本附录并非重新定义 CMMI。使用这些信息时请务必小心。

对于每个过程域来说,特定目标和实践会由直接或间接工作产品来表示。这个附录也列出了每个 2 级、3 级的通用实践。各个评估小组必须确定评估工作所需要的具体的直接和间接证据。评估小组或许不同意这个附录,或许一天同意而一天又不同意。PIID 的变化是相对偏高的。组织可以考虑在 PIID 中制定一个度量标准来跟踪评估小组的期望变化。

在 PIID 中列出工作产品一般来说是未加修饰的。组织可以选择最佳的方式来为他们编写文档。在某些情况下,几个工作产品也许实际上存在于一份文件中。关键是,工作产品的文献系统和结构来自于过程并且迎合组织的需要。以下部分为各个实践列出了可能的客观证据。

## 原因分析和解决(CAR) PA

CAR SG 系统性地确定产生错误或者其他问题的根源。

CAR SP 1.1 选择待分析的缺点和其他问题。

直接产物示例

缺陷数据

问题数据

间接产物示例

缺陷数据选择会议的记录

缺陷或问题的分析结果

CAR SP 1.2-1 对于选定的缺陷和其他问题进行原因分析,并提出解决问题的行动。

---

① 在这个附录中,作者以由 CMMI 项目评估方法专家小组(AMET)开发的实践实施指标描述开始。作者创建了 AMET 工作所未包含的 PA PIID。使用的数据已经根据作者的经验而进行了修改。原始的 PIID 应能在 SEI 网站找到。

直接产物示例

　　缺陷数据分析结果

　　问题分析结果

　　纠正的活动建议

间接产物示例

　　数据或问题分析会议的记录

　　校正活动建议的状态

CAR SG 2　系统地标识缺陷或问题的根源以防止未来的突发。

CAR SP 2.1-1　实现选好的原因分析过程中提议的行为。

直接产物示例

　　选来执行的纠正活动的列表

　　完成的纠正活动

间接产物示例

　　选择会议的记录

　　纠正活动的回顾或批准的记录

CAR SP 2.2-1　评估过程性能变化的影响。

直接产物示例

　　显示衡量校正活动效率的标准

间接产物示例

　　对校正过程结果的评估

　　过程部署的升级或其他记录

CAR SP 2.3-1　记录原因分析和解决数据用来在项目和组织中的应用。

直接产物示例

　　原因分析记录或报告

间接产物示例

　　显示了分析记录的分析会议记录

　　对于过程改进的批准

## 配置管理（CM）PA

CM SG 1　识别的工作产品基线的建立。

CM SP 1.1-1　确定需要纳入配置管理的配置项、组件和与之有关的工作产品。

直接产物示例

　　确定配置项列表

　　配置管理计划

　　受控项的配置管理生命周期(如所属者、指出哪些部分应该被控制、控制的程度和变更的批准)

间接产物示例

　　配置管理计划 CCB 记录

　　配置管理计划批准

　　选择配置项的标准文档

**CM SP 1.2-1**　对于受控工作产品建立并维持一个配置管理和改变管理系统。

直接产物示例

　　描述了存储、获取和多级控制的工具和机制的配置管理计划

　　含有受控制工作产品的配置管理系统

　　变更请求数据库

　　配置管理和变更管理程序

间接产物示例

　　配置管理库记录和报告(例如基线内容、受控项目的等级、CCB 状况和审核报告)

　　变更管理数据库报告

　　必要时配置管理结构的修订档案

　　配置管理系统备份和多媒体存档

**CM SP 1.3-1**　建立或释放内部使用和交付用户的基线。

直接产物示例

　　基线

　　基线的描述

　　具有已定义并处于控制下的基线标识(配置项目)

间接产物示例

　　配置管理档案和报告

　　CCB 会议记录

　　与基线相关的变更文档和与版本控制

　　基线产生/释放的程序、脚本、传送文档

　　CM 工具或知识库的演示(例如基线、项、节点和分支)

　　　　基线审核

CM SG 2　配置管理下工作产品变更的跟踪与控制。

CM SP 2.1-1　对于配置项跟踪变更请求。

　　直接产物示例

　　　　变更请求

　　　　变更请求跟踪产品(如变更请求数据库、报告、日志、终止状态和变更的批准)

　　　　变动请求的记录评估和布置(例如复查、授权和变更批准)

　　间接产物示例

　　　　变更请求影响分析

　　　　CCB/干系人复查历史记录(如日志和会议备忘录)

　　　　配置项修改历史记录

CM SP 2.2-1　对配置项内容变化的控制。

　　直接产物示例

　　　　配置项修改历史记录

　　　　与批准变更(例如 CCB 批准)合并的配置项和基线变更

　　间接产物示例

　　　　基线文档

　　　　描述了基线和配置项的修正状况的配置管理记录和报告

　　　　保证基础线修正的完整性的影响分析、记录或回归测试

　　　　变更请求复查和跟踪产品(如清单、评估标准、报告、日志、终止状态和量度)

　　　　已记录的变更请求的评估与部署(例如复查、授权和变更批准)

CM SG 3　建立并维护完整的基线。

CM SP 3.1-1　建立并维护描述了配置项的记录。

　　直接产物示例

　　　　描述了配置项和基线的状态、内容和版本的记录

　　　　描述了配置项状态以及哪些个体和组织受其影响(如配置管理库报告和基线访问权限)的报告

　　　　不断维护的配置项记录的多个版本

　　间接产物示例

　　　　配置项的修改历史记录

　　　　变更请求日志或数据库

　　　　变动请求的拷贝

　　　　配置项的状态

CM SP 3.2-1　执行配置审查来维护配置基线的完整性。

　　　直接产物示例

　　　　　配置审查结果

　　　间接产物示例

　　　　　行动项目(为的是确定出配置审查结果中的差异)

　　　　　用于指导配置审查的标准和清单

　　　　　质量检查记录

　　　　　配置审查日程表和相关描述

　　　　　复查基线或者发布信息的精确性和内容的会议记录

　　　　　用以核实配置基线内容的工具或报告

## 决策的分析与决定(DAR) PA

DAR SG 1　决策基于使用已建立的标准对可选择的内容进行评估。

DAR SP 1.1-1　建立和维护指导方针,以决定哪些问题受正式评估过程的影响。

　　　直接产物示例

　　　　　何时应用一个正式评估过程的指导

　　　间接产物示例

　　　　　用于决定何时应用一个正式评估过程的标准或清单

　　　　　管理正式评估和选择可适用的决策制定技术的过程描述

　　　　　受正式评估过程影响的已识别出的一组典型问题

DAR SP 1.2-1　建立和维护评估可选项的标准以其相对级别。

　　　直接产物示例

　　　　　已编入文档的评估标准

　　　　　标准的重要性级别

　　　间接产物示例

　　　　　对文档化源的标准的可跟踪性(如需求、假定、业务目标)

　　　　　指导确定和应用评估标准(如范围、规模、规则及基本原理)

　　　　　评估标准选取与拒绝的基本原理

DAR SP 1.3-1　识别提出问题的可选解决方案。

直接产物示例

　　已识别的可选方案

间接产物示例

　　列出已评估过的可选方案的决策报告

　　头脑风暴会议、访谈或其他用于找出潜在解决方案的技术的结果

　　研究资源或其他参考(如参考文献)

DAR SP 1.4-1　选取评估方法。

直接产物示例

　　已选取的评估方法

间接产物示例

　　列出已选择的评估方法的决策报告

　　优先评估方法和候选评估方法清单

　　合适评估方法的选择指导

DAR SP 1.5-1　使用文档化的标准评估可选的解决方案。

直接产物示例

　　评估结果

　　由评估得到的结论或决定

间接产物示例

　　复查或会议的结果和备忘录的陈述

　　用于应用评估标准或结果阐述的已评估的假定或约束(如不确定性或重要性)

　　已完成的评估表格、列表或指定的标准

　　以潜在解决方案执行时进行模拟、建模、原型、引导、生命周期成本分析、研究等的结果

DAR SP 1.6-1　根据评估标准从可选方案中选择解决方案。

直接产物示例

　　文档化的结果及决策的原理

间接产物示例

　　干系人对最终选择的解决方案的批准

　　解决方案或执行决策制定过程的风险评定

## 整合项目管理(IPM) PA

IPM SG 1　项目使用一个裁剪自组织标准过程集合的已定义的过程作为指导。

IPM SP 1.1-1　建立并维护项目已定义的过程。

　　直接产物示例

　　　　项目已定义的过程

　　　　裁剪表格

　　间接产物示例

　　　　对于项目定义好的过程的结对复查结果

　　　　经批准的严格执行组织标准过程的声明

IPM SP 1.2-1　使用组织过程资产和测量标准库来估计和计划项目的活动。

　　直接产物示例

　　　　符合模板/指导的项目计划

　　　　独立的确认历史数据的记录

　　　　对于用来选择用于项目估算的历史记录的假设和原则的记录

　　　　项目估算的修订历史

　　间接产物示例

　　　　组织测量数据库

　　　　组织资产库

　　　　估算的基础（BOE）

　　　　包括任务规模复杂度和产生的工作产品的项目定义好的过程

IPM SP 1.3-1　将项目计划与其他影响项目的计划集成起来以描述项目定义好的过程。

　　直接产物示例

　　　　集成计划

　　　　干系人复查的计划变更

　　间接产物示例

　　　　项目日程和日程关联

　　　　与干系人复查项目计划的会议备忘录

IPM SP 1.4-1　使用项目计划、其他影响到项目的计划和项目定义的活动管理项目。

　　直接产物示例

　　　　完成项目定义的过程所产生的工作产品

　　　　收集到的测量数据和进展记录或报告

　　　　修订过的需求、计划和批准

　　　　根据差异，参照计划的校正过的行为

根据项目计划监控进展的复查报告和必要时修正过的活动

间接产物示例

项目计划和其他影响到项目的计划

项目定义的过程

用来跟踪和管理项目或产品生命周期中变化的标准或者检查清单

**IPM SP 1.5-1**　部署工作产品、测量数据和文档化的经历到组织过程资产中。

直接产物示例

组织过程资产的提高

收集自项目的实际过程或者产品测量数据

文档(如可效仿的过程描述、计划、训练模块、检查清单和经验总结)

项目最佳实践以及经验总结

项目记录过程和组织测量库的产品测量数据的记录

间接产物示例

反映实际项目的过程和产品测量数据的组织测量数据库

提供项目工作产品和经验总结已经执行的证据的组织资源库

提议的过程改进或者部署的记录

**IPM SG 2**　指导与干系人关于项目的协调与协作。

**IPM SP 2.1-1**　管理项目中干系人的参与。

直接产物示例

协作活动的议程和时间表

文档问题(比如顾客需求、产品和产品组件需求、产品架构和产品设计方面的问题)

解决干系人接口和误解的问题及其部署

维护展示干系人参与情况的记录

间接产物示例

里程碑/干系人复查会议时间

组织表

用于获得上面满足项目需求的批准而进行的复查、演示和工作产品测试的记录

项目计划,识别了干系人

干系人参与的计划

表示了干系人关键依赖的项目日程

**IPM SP 2.2-1**　让干系人参与识别、讨论和跟踪关键依赖。

　　直接产物示例

　　　　干系人复查发现的错误、问题和行为的对象

　　　　关键依赖

　　　　与关键依赖相关的批复

　　　　关键依赖的状态

　　　　指出关键依赖和相应采取的正确措施的复查记录

　　间接产物示例

　　　　干系人里程碑/项目状态复查

　　　　标识干系人的项目计划

　　　　标识出干系人的关键依赖的项目日程

　　　　最新的项目计划和演示、讨论和跟踪的相关产物

**IPM SP 2.3-1**　　与干系人解决问题。

　　直接产物示例

　　　　干系人协调问题

　　　　干系人协调问题的状态

　　　　以干系人参与作为结尾的跟踪记录

　　间接产物示例

　　　　与干系人进行的复查、报告以及简明的沟通记录

　　　　跟踪和解决问题的问题跟踪数据库

　　　　按需增加问题的证据

**IPM SG 3**　　利用项目共享视图指导项目。

**IPM SP 3.1-1**　　识别与项目共享视图相一致的期望、限制、接口和操作条件。

　　直接产物示例

　　　　组织期望

　　　　干系人限制

　　　　操作条件

　　　　外部接口

　　间接产物示例

　　　　客户复查的备忘录

　　　　干系人复查备忘录

**IPM SP 3.2-1**　　建立并维护项目的一个共享视图。

直接产物示例

    共享视图

间接产物示例

    共享视图复查备忘录

    共享视图批准

IPM SG 4 识别、定义、构建完成项目的集成小组并为之分配任务。

IPM SP 4.1-1 决定最符合项目目标和限制的集成小组结构。

直接产物示例

    集成小组结构(组织图)

间接产物示例

    干系人对于小组结构的复查备忘录

IPM SP 4.2-1 对于选中的集成小组结构,初步建立整套的需求、职责、授权机制和接口。

直接产物示例

    初步的项目小组组织计划

        小组需求分配

        小组责任分配

        小组授权分配

        小组任务分配

        小组接口分配

间接产物示例

    初步的项目小组组织计划复查备忘录

    对初步的项目小组组织计划复查的批准

IPM SP 4.3-1 在集成小组结构中建立并维护小组。

直接产物示例

    项目小组组织计划

    项目小组结构图

间接产物示例

    项目小组组织计划复查备忘录

    项目小组组织计划复查备忘录

## 集成供应管理(ISM) PA

ISM SG 1 识别、分析、选择最适合工程需要的产品的潜在来源。

**ISM SP 1.1-1**　识别和分析那些或许可以被用来满足工程需求的产品的潜在来源。

　　直接产物示例

　　　　潜在的供应商列表

　　　　供应商信息

　　　　供应商源贸易研究结果

　　间接产物示例

　　　　供应商信息数据库

　　　　供应商分析会议纪要

**ISM SP 1.2-1**　使用一个正式评价过程来决定使用哪个客户定制的和直接产品来源。

　　直接产物示例

　　　　源贸易研究结果

　　间接产物示例

　　　　贸易研究回顾会议纪要

**ISM SG 2**　与供应商协调工作以保证供应商协议正确执行。

**ISM SP 2.1-1**　监控和分析供应商使用的选择过程。

　　直接产物示例

　　　　供应商活动报告

　　　　供应商业绩报告

　　　　供应商分析会议纪要

　　间接产物示例

　　　　技术交流会议纪要

　　　　需要监测的已选过程列表

**ISM SP 2.2-1**　对于客户定制的产品,评估已选择的供应商工作产品。

　　直接产物示例

　　　　供应商工作产品回顾材料

　　　　已选的供应商工作产品列表

　　间接产物示例

　　　　供应商工作产品回顾纪要

　　　　技术交流纪要

**ISM SP 2.3-1**　适当修改供应商协议或关系来反映状况的变化。

　　直接产物示例

　　　　供应商协议修改

　　　　供应商协议修改要求

　　间接产物示例

　　　　展示供应商协议活动的 CCB 会议纪要

　　　　供应商协议回顾纪要

## 整合团队(IT) PA

IT SG 1　建立并维护一个能够提供小组交付产品所必需的知识技能的团队组合。

IT SP 1.1-1　识别并定义产生小组期望产出所需要的小组特定的内部任务。

　　直接产物示例

　　　　小组可交付的产品

　　　　任务描述符

　　间接产物示例

　　　　小组任务复查备忘录

　　　　小组情况报告

IT SP 1.2-1　定义小组要完成工作的相关知识、技能和专业知识。

　　直接产物示例

　　　　小组所需要的学科列表

　　　　小组所需要的技能列表

　　　　小组训练模型

　　间接产物示例

　　　　学科和技能的剖析描述

　　　　组员的培训记录

IT SP 1.3-1　基于所需知识技能分配合适的人员。

　　直接产物示例

　　　　按领域组织的小组成员的名单

　　　　小组组成结构图

　　　　小组预算

　　间接产物示例

　　　　小组成员分工批准

　　　　增加组员申请

组员时间记录

IT SG 2　依据已制定的原则控制工作组的运转。

IT SP 2.1-1　建立和维护与更高层共享信息相关的整个小组的共享视野。

　　直接产物示例

　　　　整理成文档的共享视野

　　　　小组开工的会议资料

　　间接产物示例

　　　　小组开工的会议备忘录

IT SP 2.2-1　建立和维护一个基于整个小队的共享视野和小组整体目标的工作组宪章。

　　直接产物示例

　　　　工作组宪章

　　间接产物示例

　　　　由组员和关键干系人批准通过工作组宪章

IT SP 2.3-1　明确定义和维护每个组员的角色和职责。

　　直接产物示例

　　　　显示每个组员的责任和角色的工作组宪章

　　间接产物示例

　　　　由组员和关键干系人批准通过工作组宪章

IT SP 2.4-1　建立和维护完整的小组工作流程。

　　直接产物示例

　　　　裁剪过的工作流程

　　间接产物示例

　　　　对于裁剪过的工作流程的批准

IT SP 2.5-1　建立和维护相关工作组之间的协作。

　　直接产物示例

　　　　工作小组对 IMP/IMS 的输入

　　　　工作组会议备忘录

　　间接产物示例

　　　　工作组间协作报告

　　　　工作组接口工作产品

## 测量与分析(MA) PA

MA SG 1　测量目标和行为是与需求信息和目标相一致的。

MA SP 1.1-1　建立和维护来自信息需求和目标的测量目标。

　　直接产物示例

　　　　信息需求和目标

　　　　测量目标

　　间接产物示例

　　　　商业目标、测量目标、信息目标的一致

　　　　同干系人(例如管理者、供应商和用户)回顾测量目标

MA SP 1.2-1　根据测量目标指定特殊的测量。

　　直接产物示例

　　　　基础和衍生测量详细说明

　　　　基础和衍生测量操作定义

　　间接产物示例

　　　　测量和工程/组织测量目标和信息要求之间的联系

　　　　与干系人一起复查详细说明

　　　　按优先级排列的测量列表

MA SP 1.3-1　详细说明测量数据怎样获得和存储。

　　直接产物示例

　　　　数据采集和存储程序

　　　　数据采集描述,包括谁(职责)、怎样(过程和工具)、何时(频率)、地点(仓库)

　　间接产物示例

　　　　数据收集机制和支持工具(自动或手动)

　　　　原始数据采集、加时间标签和存储

　　　　测量仓库

MA SP 1.4-1　详细说明测量数据怎样分析和报告。

　　直接产物示例

　　　　分析规范和程序

　　　　分析描述,包括谁(职责)、怎样(过程和工具)、何时(频率)、地点(仓库)和结果怎么样应用

间接产物示例

　　数据分析工具

　　数据分析结果(例如图示和报告)

　　使数据分析与测量目标一致(例如信息需求和指定决策的可跟踪性)

　　测量分析复查备忘录

　　评估测量效果和分析数据的标准

**MA SG 2**　提供表示了信息需求和目标的测量结果。

**MA SP 2.1-1**　获取指定的测量数据。

直接产物示例

　　基础和衍生数据测量

　　与定义好的数据收集程序相一致的原始数据采集、打时间标签、存储

　　由采集好的基础测量计算出的衍生测量

间接产物示例

　　用测量详细组装的测量仓库

　　数据完整测试结果

　　完整的核对结果(如工具、表格和评价);错误数据和丢弃数据报告

**MA SP 2.2-1**　分析说明测量数据。

直接产物示例

　　分析结果(例如图示和报告)和结论(初步和最终的)

间接产物示例

　　分析结果演示(例如表格、图标和柱状图)

　　测量分析会议备忘录(简报、记录、活动条目等)

　　后续的相关区域的分析

**MA SP 2.3-1**　处理并存储测量数据、测量说明书和分析结果。

直接产物示例

　　存储的数据详细目录

　　带有历史数据和结果的测量仓库

　　显示测量的高级管理复查材料

间接产物示例

　　高级管理复查会议记录

　　带有存储的数据访问约束的测量仓库

MA SP 2.4-1　向所有干系人报告测量结果和分析活动。

　　直接产物示例

　　　　显示测量的高级管理复查材料

　　　　交付报告和相关分析结果

　　间接产物示例

　　　　高级管理复查会议记录

　　　　数据分析和报告的展示

## 组织集成环境(OEI) PA

OEI SG 1　提供一个最大化人们的生产力和集成必要协作的基础设施。

OEI SP 1.1-1　建立和维护一个用于组织的共享视图。

　　直接产物示例

　　　　组织共享视图

　　间接产物示例

　　　　共享视图所用的交流材料

OEI SP 1.2-1　通过协作与并行开发,建立和维护一个支持 IPPD 的集成工作环境。

　　直接产物示例

　　　　集成工作环境需求

　　　　集成工作环境结构图

　　间接产物示例

　　　　集成工作环境组件演示

　　　　集成工作环境选择组件的案例研究

OEI SP1.3-1　识别支持 IPPD 环境的特殊技能。

　　直接产物示例

　　　　IPPD 组织培训模型

　　　　培训计划

　　间接产物示例

　　　　个人培训记录

　　　　IPPD 培训课程记录

OEI SG 2　人们设法养成适合 IPPD 环境的集成和合作式行为。

OEI SP 2.1-1　建立和维护可以即时合作的领导机制。

直接产物示例

　　　事宜决策的组织方案

　　　领导培训模型

间接产物示例

　　　组织过程的批准

　　　领导培训记录

OEI SP 2.2-1　建立和维护在所有组织层次上用于采纳和示范集成和协作行为的激励制度。

直接产物示例

　　　激励计划

间接产物示例

　　　显示整个组织中激励的记录

OEI SP 2.3-1　建立和维护组织方针用于平衡团队和个人组织职责。

直接产物示例

　　　团队/功能组织责任的组织方针

间接产物示例

　　　组织方针的工程应用

　　　组织计划的团队应用

## 组织革新和部署(OID) PA

OID SG 1　选出可以满足质量和过程性能目标要求的过程和技术改进。

OID SP 1.1-1　收集和分析过程和技术改进建议。

直接产物示例

　　　完善建议的分析结果

间接产物示例

　　　由改进建议产生的变更要求

OID SP 1.2-1　识别和分析有助于提高组织质量和过程表现的革新改进。

直接产物示例

　　　候选的革新改进建议

　　　候选的革新改进建议分析

间接产物示例

　　　改进建议产生的变更请求

　　　　为改进建议制定的行为条款

OID SP 1.3-1　试验过程和技术改进,以选择予以实施的改进。

　　直接产物示例

　　　　试点活动报告

　　间接产物示例

　　　　经验总结报告

　　　　改进试点的复查备忘录

OID SP 1.4-1　选择部署在整个组织的过程和技术改进建议。

　　直接产物示例

　　　　显示过程改进选择的分析报告

　　　　过程改进的变更请求

　　间接产物示例

　　　　会议备忘录分析

　　　　过程改进的部署工作产品

OID SG 2　系统、持续地部署对于本组织过程和技术的可度量的改进。

OID SP 2.1-1　拟订并维护对所选择的过程和技术改进进行部署的计划。

　　直接产物示例

　　　　部署计划

　　间接产物示例

　　　　评审部署计划的备忘录

OID SP 2.2-1　对所选择的过程和技术改进的部署进行管理。

　　直接产物示例

　　　　更新的训练材料

　　　　部署行动的结果

　　　　部署计分卡

　　间接产物示例

　　　　部署活动的人员花费

　　　　训练记录的展示

　　　　对于部署记分卡的高级管理复查备忘录

OID SP 2.3-1　对所部署的过程和技术改进的效果进行度量。

　　直接产物示例

　　　　存储库中的度量数据

　　　　度量数据的分析

　　间接产物示例

　　　　度量分析会议备忘录

## 组织过程定义（OPD）PA

OPD SG 1　　建立和维护一套组织过程资产。

OPD SP 1.1-1　　建立和维护组织的标准过程集。

　　直接产物示例

　　　　组织的标准过程集

　　　　描述过程元素之间关系的过程结构

　　　　对于组织标准过程集的修订（如修改过程、复查等）

　　间接产物示例

　　　　过程和产品标准

　　　　开发、复查及对组织标准过程和资产修订的过程

　　　　组织标准过程集结对复查结果

OPD SP 1.2-1　　建立和维持批准在组织内使用的生命周期过程模型的描述。

　　直接产物示例

　　　　生命周期模型的描述

　　　　组织的生命周期过程模型集的修改（如修改模型、复查等）

　　间接产物示例

　　　　基于项目所需与特性以及组织需要的对于生命周期模型选择的指导和标准

　　　　生命周期模型描述的核准记录

OPD SP 1.3-1　　建立和维护组织标准过程集的裁剪过的标准与指导。

　　直接产物示例

　　　　组织标准过程集的裁剪好的指导

　　　　组织裁剪好的标准与指导的修订（如修订指导、复查等）

　　间接产物示例

　　　　裁剪好的指导结对复查的文档结果

　　　　过程依从性复查清单

OPD SP 1.4-1　　建立和维持组织的度量仓库。

直接产物示例

　　为组织标准过程集定义一套普遍的产品和过程度量方法

　　组织的度量仓库(如仓库结构和支持环境)

　　组织度量仓库的修订(如修订测量尺度、收集测试数据、复查等)

间接产物示例

　　组织的测量数据

　　与产品和组织标准过程(元素)相关的分析/惯例支持的度量定义

　　收集、存储及对组织度量分析的程序

　　表示度量仓库使用人数和用处的日志或者记录

　　描述度量仓库、其用途和人数的交流记录

OPD SP 1.5-1　建立并维护组织库的过程相关资源。

直接产物示例

　　组织的过程资源库

　　组织的过程资源库的修改(如修改库和资源、复查等)

间接产物示例

　　组织过程资源库的条目分类

　　包含在组织过程资源库中的选定条目

　　最佳实践的收集

　　添加条目到库中的标准和程序

　　过程资源库内容的复查

## 组织过程聚焦(OPF) PA

OPF SG 1　定期并按需识别组织过程的优点、缺点和改进机会。

OPF SP 1.1-1　建立和保持过程需求说明与组织目标。

直接产物示例

　　组织的过程需求及目标

　　对组织过程和业务目标的修订(如业务目标修改、证据复查等)

间接产物示例

　　过程需求和目标的评审和批准

　　过程和产品政策、标准和指导(符号、详细程度等)

　　当前组织过程描述(正在使用的过程,在企业或者公司级别强迫的过程和产品标

准,或者组织客户要求的过程)

OPF SP 1.2-1    定期并按需评估组织过程以保持对自己长处和短处的了解。

直接产物示例

组织的过程评估计划

标志了组织过程优缺点的评估发现

最终发现介绍

最终发现评估报告

其他数据格式,如过程改进跟踪工具

间接产物示例

组织过程改进建议

考核记录或报告(计划、范围、参与者、面试日程和审核加工物清单等)

获取考核结果的行动计划

过程改进进度记录(如度量、趋势和分析)

描述使用方法目的和其他事宜的评估简短描述

OPF SP 1.3-1    确定组织过程和过程资产的改善。

直接产物示例

识别组织过程改善

计划好的过程改进的优先级列表

间接产物示例

候选人过程改进分析

测量和分析过程

过程性能报告

经验总结复查

过程改进相关复查和计划会议备忘录

排列改进机会优先级的标准

OPF SG 2    计划与执行改进,部署组织过程资产,将过程相关经验纳入组织的过程资产。

OPF SP 2.1-1    建立和维护行动改进计划,以提高组织的过程和过程资产。

直接产物示例

组织对过程行动计划的批准

对组织核准的过程行动计划的复查和修订(如修订目标、复查等)

间接产物示例

由高级管理层和管理指导委员会审查并批准的行动计划

干系人对于过程行动计划的复查结果

过程改进文档化的基础设施,加上明确定义的角色和责任(如管理、过程拥有者、过程组、执行组和从事人员)

OPF SP 2.2-1　在整个组织实施过程行动计划。

　　直接产物示例

　　　　实施过程中行动计划的状态和成果

　　间接产物示例

　　　　过程改进现状复查及简报(管理复查和技术复查)

　　　　记录与执行相关的人力物力支出(如度量、分析和进度报告)

　　　　各过程行动小组间的承诺

　　　　过程行动计划协商过程中的承诺和修改

　　　　从过程行动计划执行过程中发现的问题

　　　　表示识别、跟踪和解决过程行动计划实行过程中问题的记录

OPF SP 2.3-1　全组织范围内部署组织过程资产。

　　直接产物示例

　　　　部署组织过程资产的状况

　　　　组织过程资产变更文档

　　　　过程资产库(PAL)

　　　　产生的组织过程资产、方法和工具

　　间接产物示例

　　　　与部署相关的人力、物力支出

　　　　部署组织过程资产和组织过程资产变更的培训材料

　　　　部署组织过程资产和组织过程资产变更的支持材料

　　　　部署问题识别与解决记录

　　　　基于新过程资产和人员数量的培训或者方向和过程资产库使用的记录(如果适用的话)

OPF SP 2.4-1　合并过程相关的工作产品、测量,以及来自计划和对于组织过程资产执行的改进信息。

　　直接产物示例

　　　　组织过程改进活动的记录

        组织过程资产的修订

        过程改善建议

        组织过程资产的改进方法

        过程的事后总结

    间接产物示例

        包括过程评估、过程建议、改进努力跟踪等在内的复查

        组织过程资产的改进建议

        组织过程资产的信息及改进

        对过程性能度量和过程资产的分析

        经验总结知识库

        最佳实践的集合

## 组织过程性能(OPP) PA

**OPP SG 1**    建立并维护能够刻画组织标准过程集合的预期性能的基线和模型。

**OPP SP 1.1-1**    选择组织标准过程中能包含在组织过程性能分析中的过程和过程元素。

    直接产物示例

        选中的过程或过程元素

    间接产物示例

        过程选择结果复查

**OPP SP 1.2-1**    建立并维护包含在组织过程性能分析中的度量的定义。

    直接产物示例

        度量定义

    间接产物示例

        度量定义复查备忘录

        度量规格说明书的发布

**OPP SP 1.3-1**    建立并维护组织质量和过程性能的定量目标。

    直接产物示例

        组织质量和过程性能的目标

    间接产物示例

        目标复查备忘录

**OPP SP 1.4-1**    建立并维护组织过程性能的基线。

直接产物示例

　　过程性能基线

间接产物示例

　　测量仓库

　　过程性能基线通信

OPP SP 1.5-1　建立并维护组织标准过程集合的过程性能模型。

直接产物示例

　　过程性能模型

间接产物示例

　　过程性能模型复查备忘录

## 组织培训(OT) PA

OT SG 1　建立并维护一个支持组织管理和技术角色的培训能力。

OT SP 1.1-1　建立并维护组织的策略培训需求。

直接产物示例

　　培训需求

间接产物示例

　　对组织策略性培训需求历史的复查和修订

　　确定所需的角色和技术

　　所需的培训课程列表

OT SP 1.2-1　决定哪些培训需求是组织的责任,并且决定哪些将被留给单个工程或是支持组。

直接产物示例

　　一个组织提供培训的列表

间接产物示例

　　组织培训记录

　　普通工程和支持组培训需求

　　工程或支持组所需的特殊培训需求列表

OT SP 1.3-1　建立并维护组织的培训战术计划。

直接产物示例

　　组织的培训战术计划

　　组织培训战术计划历史的调整或修订

间接产物示例

　　培训课程、必备条件、技术、时间表、资金、角色和职责的列表

　　组织的培训战术计划执行过程追踪的复查或状态报告(如时间表和剩余预算)

OT SP 1.4-1　建立并维护表述组织培训需求的培训能力。

直接产物示例

　　培训材料和支持产物

　　培训材料和资源的分析和修订

　　导师证明

间接产物示例

　　组织的培训课程和课程描述

　　分析是否获得培训或者提供对导师资格的内部标准

　　培训能力和资源的周期性回顾

OT SG 2　提供个体有效完成角色的培训必要性。

OT SP 2.1-1　发出遵循组织计划的培训。

直接产物示例

　　发出的培训课程

　　培训记录(时间表、指导人员和参与者)

间接产物示例

　　培训交付报告或执行方案(例如计划与实际)

　　基于已分配角色的培训课程

　　未决定培训出席者的优先列表

OT SP 2.2-1　建立并且维护组织培训的记录。

直接产物示例

　　培训记录

　　出席记录和经批准的放弃者

间接产物示例

　　技术矩阵

　　培训容器

　　培训方案或报告

OT SP 2.3-1　估定组织培训项目的效力。

直接产物示例

　　　　培训项目执行评估

　　　　回顾、分析或报告组织的培训效力并且联合组织目标

　　间接产物示例

　　　　培训效力调查

　　　　导师评估表格

　　　　培训考试

　　　　学生评估反馈表格(培训在多大程度上满足了他们的需求)

　　　　概述统一培训结果的方案或分析

　　　　作为一个培训反馈的对课程材料、方法或课程的修订

## 产品整合(PI) PA

PI SG 1　着手产品整合的准备。

PI SP 1.1-1　决定产品构件的集成顺序。

　　直接产物示例

　　　　产品整合顺序

　　　　产品整合计划

　　间接产物示例

　　　　复查产品整合计划的审核会议或陈述

　　　　选择或拒绝集成顺序的原则

　　　　被集成的组件列表

　　　　集成进度表和依赖关系

PI SP 1.2-2　建立并维持支持产品构件集成所需的环境。

　　直接产物示例

　　　　产品整合确认过的环境

　　　　产品整合测试台(如测试设备、模拟器、HW 设备、记录装置)

　　　　产品整合计划

　　　　对于整个项目中产品整合、修订和维护的确认过环境的描述或者配置

　　间接产物示例

　　　　产品整合环境的复查

　　　　产品整合环境的支持文档

PI SP 1.3-3　建立并维护产品构件集成的规程和准则。

直接产物示例

　　产品整合规程

　　产品整合准则

　　集成规程和准则贯穿项目始终的修订历史

间接产物示例

　　产品整合输入、输出、期望结果和改进准则

　　集成计划、规程和准则的复查或陈述

　　对测试准备就绪的复查

　　增量构建/集成计划和规程

　　产品组件准备、集成和评估的准则和清单

　　集成产品确认和移交的准则和清单

**PI SG 2**　保证内部和外部产品构件接口兼容。

**PI SP 2.1-1**　复查接口描述的覆盖度和完整性。

直接产物示例

　　接口描述复查备忘录

间接产物示例

　　接口规格说明、接口控制文档(ICD)、接口设计文档(IDD)

　　接口的分类(如环境性、物理性、功能性、机械性)

　　每个种类的接口列表

　　接口评审的准则和清单

**PI SP 2.2-1**　管理产品和产品构件的内部和外部接口的定义、设计和变更。

直接产物示例

　　产品构件间的接口描述和关系

　　接口说明、接口控制文档(ICD)、接口设计文档(IDD)

　　当可以应用时,每对产品构件的审核过的接口定义列表

　　更新的接口描述或协议

间接产物示例

　　接口控制工作组会议报告

　　接口评审的结论(如结对复查、质量保证检查、设计审查、接口控制工作组、CCB、解决接口问题的活动条目)

　　更新接口的活动条目

接口数据仓库(如接口数据库)

接口修订的变更请求

PI SG 3　装配验证过的产品构件,并且交付已经集成、验证和确认的产品。

PI SP 3.1-1　在装配之前确认装配所需产品构件已经正确地标识出来,确认功能符合描述
而且产品构件的接口和接口描述相一致。

　　直接产物示例

　　　　接收产品构件的验收文档

　　　　产品构件评审验收的测试结果或检查报告

　　　　接收产品构件的差异识别

　　间接产物示例

　　　　交付收据

　　　　检查好的组装目录

　　　　异常报告

　　　　弃权

　　　　产品构件的配置状态报告

　　　　产品整合计划和规程

　　　　产品构件的准备、递交、集成和评估的准则和清单

PI SP 3.2-1　依据产品整合顺序和可用的规程来装配产品构件。

　　直接产物示例

　　　　装配产品或产品构件

　　间接产物示例

　　　　指示产品整合顺序和规程的执行记录(如集成报告、完整的清单、配置审查)

　　　　配置和装配信息记录(如鉴定、配置状态、校准数据)

　　　　集成状况和进度报告(如构件集成实际与计划比较)

　　　　集成计划或规程修正

PI SP 3.3-1　评估已装配产品构件的接口兼容性。

　　直接产物示例

　　　　评估结果(例如适应性、配置和偏差)

　　　　产品整合总结报告

　　　　异常报告

　　　　接口评估报告

集成活动完成的里程碑

间接产物示例

产品构件校验期间的偏差探测

产品构件的发行或参数日志

回归测试结果

PI SP 3.4-1　包装已经装配的产品和产品构件，并将其交付给适当的客户。

直接产物示例

包装好的产品或产品构件

递交文档

间接产物示例

发货启用前复查备忘录

组装列表

操作现场准备就绪的证明

现场安装调查

## 项目监督与控制（PMC）PA

PMC SG 1　对照项目计划跟踪项目的实际实施和进展。

PMC SP 1.1-1　对照项目计划跟踪项目计划参数的实际值。

直接产物示例

项目实施的记录

重大偏离计划的事件记录

实施过程中的实际值与计划（例如时间表、成本、付出的精力、工作产品属性、资源、知识和技术）的对照

实际项目实施结果与预期的对比（用于重新计划）

间接产物示例

获得价值的管理方案

差别报告

现状报告

相关项目管理/里程碑的进展回顾的材料

已识别出的主要里程碑

性能度量的工程或组织仓库

表示项目中个人的知识和技术监控的证据

**PMC SP 1.2-1**　对于项目计划标识出的批准的监测。

直接产物示例

批准复查记录

现状报告或跟踪备忘录

对比写入已批准计划与实际实施中成本、时间表和技术交付的 PPQA 审核报告

成本账目和获得价值计划的对照报告

显示每次批准的活动都被完成的项目回顾报告,项目会议备忘录和展示

间接产物示例

项目计划和批准跟踪系统

书面批准和修订有必要的复查(如陈述)

**PMC SP 1.3-1**　对于项目计划中的已经识别出的风险的监测。

直接产物示例

项目风险监测报告

风险状态(如可能性、优先级和严重性)的周期性的回顾和修订版本

间接产物示例

风险状态和干系人的联系

**PMC SP 1.4-1**　对于根据项目计划的数据管理的监测。

直接产物示例

数据管理的报告

数据管理报告(如详细目录、交付时间和状态)

间接产物示例

数据管理复查结果

复查/详细列表/管理人员列表或项目数据仓库状态的审核

**PMC SP 1.5-1**　对于项目计划中标识的干系人参与程度的监测。

直接产物示例

干系人参与记录

项目组人员复查陈述资料

负责人的问题和状态

间接产物示例

项目组负责人复查备忘录、活动条款和活动条款状态

对于已有暗示条款的干系人的协调

**PMC SP 1.6-1**　周期性复查项目进展、执行状况和问题。

直接产物示例

项目复查结果文档

项目复查包

项目监控度量和分析的复查

间接产物示例

项目复查备忘录和活动条款

项目执行状况度量(时间进度、效果、计划背离情况)的收集和分析

对于相应的负责人的项目状态交流记录

工作产品和过程记录的条款、变更请求和问题的报告

**PMC SP 1.7-1**　在选中的项目里程碑中复查项目的完成和结果。

直接产物示例

里程碑复查包

里程碑复查结果形成文档

间接产物示例

里程碑复查备忘录和活动条款

来自复查的文档化条款

里程碑进展性能指标

**PMC SG 2**　当项目执行或者结果与计划产生偏离时管理修正活动直到结束。

**PMC SP 2.1-1**　收集分析问题并决定修正活动。

直接产物示例

需要修正活动的问题清单

文档化的需要修正活动的问题分析

间接产物示例

分析复查会议备忘录

**PMC SP 2.2-1**　对于已识别条款采取修正活动。

直接产物示例

修正活动的计划

间接产物示例

修正活动的计划状态报告

PMC SP 2.3-1 管理修正活动直到终止。

　　直接产物示例

　　　　修正活动的结果

　　　　采取对于特定问题采取计划好的修正活动所应用资源并遵循时间的证据

　　　　修正活动的状态、跟踪报告或方案(例如打开和关闭数量和趋势)

　　间接产物示例

　　　　与修正活动相关的复查和会议记录

　　　　修正活动效果分析

　　　　关闭修正活动的请求

　　　　对于合并了修正活动的项目计划和工作产品的订正(SOW、评估、需求、审核、资源、过程和风险)

## 项目策划(PP) PA

PP SG 1 创建和维护项目计划参数评估。

PP SP 1.1-1 建立了一套高层次的工作分解结构(WBS)来评估项目范围。

　　直接产物示例

　　　　WBS

　　　　高层 WBS 修订历史

　　间接产物示例

　　　　基于 WBS 的评估

　　　　任务描述

　　　　工作产品描述

PP SP 1.2-1 建立和维护工作产品及任务的属性。

　　直接产物示例

　　　　对工作产品和任务的属性的评估(例如大小)

　　　　在适合情况下,对项目需要的劳动力、机械、材料和方法的评估

　　　　评估修订历史

　　间接产物示例

　　　　对评估复查会议备忘录的复查

　　　　显示了评估属性的评估工具、算法和方法

　　　　评估的基础(BOE)

　　　　对有效模型的使用

　　　　对已根据历史数据进行校准模型的使用

PP SP 1.3.1 定义了项目的生命周期的各个阶段,通过这些阶段对进行整体的计划。

　　直接产物示例

　　　　项目生命周期的各个阶段

　　　　项目各阶段的关联、相互依赖和顺序

　　间接产物示例

　　　　产品生命周期的各个阶段

　　　　主要的里程碑、事件或决策门列表

　　　　影响生命周期选择的风险因素(比如资源、日程安排和可交付性)

PP SP 1.4-1　基于评估原理来评估项目努力和工作产品与任务的成本。

　　直接产物示例

　　　　项目努力评估

　　　　项目成本评估

　　　　已写入文档的影响项目评估和识别风险的假设、约束及基本原则

　　　　BOE

　　间接产物示例

　　　　成本复查备忘录

　　　　评估原理

　　　　从先前的项目中得到的历史数据和知识库

　　　　评估方法(如 Delphi)、模型、工具、算法和规程

PP SG 2　建立并维护作为管理项目基础的项目计划。

PP SP 2.1-1　建立和维持项目的预算和进度。

　　直接产物示例

　　　　项目计划

　　　　　　项目进度

　　　　　　进度依赖

　　　　　　项目预算

　　间接产物示例

　　　　项目计划复查备忘录

　　　　项目计划的批准

PP SP 2.2-1　确认和分析项目风险。

  直接产物示例

    确定风险

    风险分析结果

  间接产物示例

    干系人在风险识别活动中参与的记录

    用于确定和分析项目风险的标准

PP SP 2.3-1　为项目数据管理做计划。

  直接产物示例

    数据管理计划

    可以控制数据的掌控列表

  间接产物示例

    项目数据管理知识库和访问机制

    识别、收集并部署的项目数据

PP SP 2.4-1　对实施项目资源做计划。

  直接产物示例

    WBS 工作包

    职员计划和剖面

    关键设备列表

  间接产物示例

    预算复查

    项目管理需求列表

    早期识别的长提前期条款

PP SP 2.5-1　对施行项目所需的知识和技能做计划。

  直接产物示例

    需要的技能列表

    安置职员和新聘用计划

    对需要的知识和技能的提供计划(比如培训计划)

  间接产物示例

    数据库(比如技能和培训)

PP SP 2.6-1　为识别出的干系人参与做计划。

直接产物示例

    干系人参与计划

间接产物示例

    干系人会议备忘录

    干系人通信包

**PP SP 2.7-1**   创建和维持整体项目计划内容。

直接产物示例

    项目计划

间接产物示例

    项目计划批准

    项目计划复查结果

**PP SG 3**   创建和维持对项目的审批。

**PP SP 3.1-1**   复查影响项目的所有计划,并理解项目的审批。

直接产物示例

    对影响项目计划的复查记录

    对于描述项目范围、目的、角色和关系的计划级的复查和签字周期

间接产物示例

    项目计划协调会议备忘录

**PP SP 3.2-1**   协调项目计划来反映可用的和已评估的资源。

直接产物示例

    重新协商预算

    修订进度表

    修订的需求列表

    重新协商干系人协议

间接产物示例

    修订方法和相应的评估参数(比如更好的工具和内部组件的使用)

    项目变更请求

    项目计划修订历史

**PP SP 3.3-1**   从对实行项目和支持计划的干系人那里得到批准。

直接产物示例

    实行计划人士的书面批准

负责提供资源人士的书面批准

间接产物示例

批准复查会议备忘录

书面批准请求

确定项目中及与其他项目和结构化单元件的接口的识别出的批准

## 过程和产品质量保证(PPQA)过程域

PPQA SG 1 客观评估执行过程与相关工作产品和服务是否与过程描述、标准和规程一致。

PPQA SP 1.1-1 客观评价设计好的执行过程是否同可应用的过程描述、标准和规程一致。

直接产物示例

评估报告

不一致报告

间接产物示例

修正活动

追踪直到中止的不一致问题活动条款

用于评估过程和工作产品的标准和检查列表(如什么、何时、怎样和谁评估)

在整个产品开发周期对被选里程碑的执行过程评估(计划的、实际的)进度表

识别职责、目的,QA 功能报告链的组织图或描述

质量保证记录、报告或数据库

复查或指示 QA 参与的事件记录(例如出席列表和签名)

PPQA SP 1.2-1 客观地评估指定工作产品和服务,逆着可应用过程描述、标准和过程。

直接产物示例

评估报告

不服从报告

间接产物示例

校正活动

不顺从问题,被追踪到中止的活动项目

过程和工作产品评估的标准和检查列表(例如什么、何时、怎样、谁)

在整个产品开发周期对被选里程碑的执行过程评估(计划的、实际的)的进度表

组织图或鉴别职责、客观性,报告 QA 功能链描述

质量保证记录、报告或数据库

回顾或指示 QA 包含的记录(例如出席列表和签名)

**PPQA SG 2** 不一致问题被客观地追踪和交流和对决定做出保证。

**PPQA SP 2.1-1** 交流质量问题并保证员工和管理人员对于不一致问题的决定。

　　直接产物示例

　　　　修正活动报告

　　　　评估报告

　　间接产物示例

　　　　追踪到终止的不一致问题活动项目

　　　　修订的工作产品、标准和规程,或弃权问题用来解决不一致问题

　　　　质量方案和趋势分析

　　　　质量趋势

　　　　将不一致问题传达给干系人的报告或简报

　　　　周期性复查并对不一致问题反映的证据

　　　　不一致问题追踪系统或数据库

**PPQA SP 2.2-1** 建立和维护质量保证活动记录。

　　直接产物示例

　　　　评估日志

　　　　质量保证报告

　　间接产物示例

　　　　修正活动状态报告

　　　　质量保证活动状态报告

　　　　质量趋势报告

　　　　不一致活动、报告、日志或数据库

　　　　完全评估检查列表

　　　　复查或指示 QA 参与事件的记录(例如出席列表和签名)

　　　　用来保证过程和工作产品质量的矩阵和分析

## 定量项目管理(QPM) PA

**QPM SG 1** 项目是通过使用质量和过程执行目标而定量管理。

**QPM SP 1.1-1** 建立和维护过程质量和过程执行目标。

　　直接产物示例

　　　　项目质量和过程执行目标

　　间接产物示例

　　　　目标复查

QPM SP 1.2-1　基于历史稳定性和能力数据选择组成项目已定义过程的子过程。

　　直接产物示例

　　　　候选的和选中的过程

　　　　用于选择过程的历史数据

　　间接产物示例

　　　　基于选择子过程的风险评估

　　　　复查已定义过程

　　　　已定义过程的批准

QPM SP 1.3-1　选择将统计管理的项目已定义过程的子过程。

　　直接产物示例

　　　　将统计管理的子过程

　　　　将被用于统计管理子过程的测量数据

　　间接产物示例

　　　　测量数据

　　　　统计分析结果

QPM SP 1.4-1　监控工程以决定项目关于质量和过程执行的目标是否满足并确定适当的修正活动。

　　直接产物示例

　　　　评估满足目标的可行性

　　　　状态报告

　　间接产物示例

　　　　状态报告复查备忘录

　　　　统计分析结果

QPM SG 2　统计管理项目已定义过程中选中的子过程的执行。

QPM SP 2.1-1　选择用于统计管理已选子过程的测量方法和分析技术。

　　直接产物示例

　　　　量纲定义

　　　　用来分析的量纲

　　　　　统计分析结果

　　　间接产物示例

　　　　　统计分析会议备忘录

　　　　　高级管理人员对统计数据的复查材料

　　　　　高级管理人员复查会议备忘录

QPM SP 2.2-1　使用选中的量纲和分析建立并维护对于已选子过程变化的理解。

　　　直接产物示例

　　　　　过程执行的分析结果

　　　　　统计过程控制表

　　　间接产物示例

　　　　　过程控制会议备忘录

　　　　　测量数据

　　　　　高级管理人员对统计数据的复查材料

　　　　　高级管理人员复查会议备忘录

QPM SP 2.3-1　监控已选中子过程的执行来确定他们满足质量和过程执行目标的能力,并识别出适合的修正活动。

　　　直接产物示例

　　　　　对每个选中的子过程的统计过程控制表

　　　　　通过统计过程控制得到的修正活动

　　　间接产物示例

　　　　　状态表

　　　　　状态复查会议备忘录

QPM SP 2.4-1　报告组织测量库中的统计和质量管理数据。

　　　直接产物示例

　　　　　测试仓库和量纲

　　　间接产物示例

　　　　　状态表

　　　　　状态复查会议备忘录

## 需求开发(RD) PA

RD SG 1　收集干系人的需要、期望、约束和接口并将它转化成客户的需求。

**RD SP 1.1-1**　在产品生命周期的所有阶段,识别并收集干系人的需要、期望、约束和接口。

　　直接产物示例

　　　　表示了干系人需求、期望和限制,标注了不同产品生命周期活动统一和主要干系人间冲突已解决并产生"客户"需求的文档

　　间接产物示例

　　　　表达了干系人已经同意在收集并统一他们需求、期望、限制和可能的执行概念时产生冲突的解决方案的记录

**RD SP 1.1-2**　得出在产品生命周期所有阶段干系人的需要、期望、约束和界面。

　　直接产物示例

　　　　表示了干系人需求、期望和限制,标注了不同产品生命周期活动统一和主要干系人间冲突已解决并产生"客户"需求(隐性或者显性)的文档

　　间接产物示例

　　　　需求收集方法(如访谈、原型法、操作场景、市场调查、用例、产品域分析和反向工程)的汇总

　　　　表达了干系人已经同意在收集并统一他们需求、期望、限制和可能的执行概念时产生冲突的解决方案的记录

**RD SP 1.2-1**　将干系人的需求、期望、约束和接口转化成为客户的需求。

　　直接产物示例

　　　　客户需求

　　间接产物示例

　　　　客户需求复查备忘录

　　　　核准的需求

　　　　接口定义

　　　　约束

**RD SG 2**　细化并详细描述客户需求来开发新产品和产品组件需求。

**RD SP 2.1-1**　基于用户需求建立和保持产品和产品组件需求。

　　直接产物示例

　　　　衍生需求

　　　　产品需求

　　　　产品组件需求

　　间接产物示例

　　　　干系人复查备忘录

　　　　考虑业务目标后在需求和生命周期各阶段间花销平衡分析与原则

　　　　性能模型结果

　　　　用来将客户需要转化成技术参数方法(如质量房子)的描述和结果

　　　　需求可跟踪矩阵

RD SP 2.2-1　将需求分配到每个产品组件中。

　　直接产物示例

　　　　需求分配表

　　　　临时需求分配

　　　　衍生需求

　　间接产物示例

　　　　干系人复查需求分配备忘录

　　　　证明需求分配可跟踪性的记录

RD SP 2.3-1　识别接口需求。

　　直接产物示例

　　　　产品的内部和外部的接口需求

　　　　与产品相关的生命周期过程接口,如测试设备、支持系统和生产设备

　　间接产物示例

　　　　干系人复查接口需求备忘录

　　　　结构定义

　　　　测试计划整合

　　　　接口描述的配置管理 ID

RD SG 3　分析和确认需求并开发出所需功能的定义。

RD SP 3.1-1　创建并维护操作性概念和相关场景。

　　直接产物示例

　　　　操作性概念

　　　　用例

　　　　时间线场景

　　间接产物示例

　　　　干系人复查操作性概念的备忘录

　　　　低层详细需求

　　　　修改历史

　　　　概念层解决方案

　　　　产品运行时环境定义

RD SP 3.2-1 创建并维护所需功能的定义。

　　直接产物示例

　　　　功能性架构

　　　　功能定义

　　　　逻辑群组

　　　　需求相关性

　　间接产物示例

　　　　活动图和用例

　　　　对已识别服务的面向对象分析

　　　　识别需求的逻辑或功能分组的子功能的需求分析结果

　　　　具有时间要求的功能的定义

　　　　与产品操作相关的功能性需求的可追踪性

RD SP 3.3-1 分析需求以确保其充分必要。

　　直接产物示例

　　　　需求分析报告

　　　　需求追踪矩阵或等效的表明低层衍生需求到其高层父需求路径的文档

　　间接产物示例

　　　　提出的旨在消除缺陷的需求变更

　　　　由于对预算、时间、功能、风险或性能有很强的影响而文档化且跟踪的关键需求

RD SP 3.4-3 分析需求以平衡利益干系人的需要和约束。

　　直接产物示例

　　　　表明对预算、时间、性能、功能、可重用构件和诸如可维护性和可扩展性等质量因素的影响的需求分析结果

　　　　与需求相关的风险评估

　　间接产物示例

　　　　与需求平衡相关的活动项

　　　　风险降低计划

RD SP 3.5-1 确认需求以确保结果产品能够在其预期的使用环境中正常运行。

直接产物示例

　　需求确认结果

间接产物示例

　　需求可追踪性矩阵

　　需求变更

　　需求说明书

**RD SP 3.5-2** 确认需求以确保结果产品能够在使用多种技术的用户环境中正常运行。

直接产物示例

　　演示需求功能的技术（如原型、模拟、分析、场景和情节串联图板）的结果

　　分析方法和结果的记录

间接产物示例

　　需求变更

　　需求可追踪性矩阵

　　需求详细说明

　　某个确认技术被使用而不是其他技术的原理以及对其作用的解释

## 需求管理项目（REQM）PA

**REQM SG 1** 管理需求并识别与项目计划和工作产品不一致的需求。

**REQM SP 1.1-1** 与需求提出者就需求含义达成一致。

直接产物示例

　　　协商一致的产品或产品部件需求

　　　相互认可的需求文档形态和格式（文本、对象、数据流图等）

间接产物示例

　　　基于需求标准分析的结果

　　　与需求提供者为识别需求问题的澄清复查（如分析报告、备忘录、说明、复查日志和需求更新）的证据

　　　用于跟踪需求问题决策的行动项目

　　　与需求提出者就需求达成一致

**REQM SP 1.2-2** 从项目参与者中获得对需求的承诺。

直接产物示例

　　　需求和需求变更的书面承诺

　　间接产物示例

　　　　包括评审/承诺的状态属性的需求数据库的报告

　　　　包括承诺记录的需求变更请求日志

　　　　需求影响评估

　　　　由项目团队中的主要成员(如设计授权者和团队领导者)所举行的内部需求评审
　　　　(如备忘录、核对清单、日志、方案等)的证据

　　　　与项目干系人所进行的需求上的联系,并确定承诺

REQM SP 1.3-1　在项目开发过程中根据变化管理需求的变更。

　　直接产物示例

　　　　包括承诺记录(如签字)和对影响评估的需求变更请求日志

　　　　含有变更原理的及时更新的需求变更历史

　　　　包括来自各个干系人的需求变更请求的影响分析

　　间接产物示例

　　　　需求状态

　　　　需求数据库

　　　　需求决策数据库

　　　　包括指示现在状态的属性(如正式批准、源头、理论依据、版本历史和影响)的需
　　　　求报告

　　　　变更请求、通知或者建议

　　　　基线和书面的需求修改的版本控制

　　　　包括影响评估在内的干系人评估需求变化的需求变化复查证据

　　　　需求变更所致的产品的修订

REQM SP 1.4-2　在需求与项目计划和工作产品中维持双向跟踪。

　　直接产物示例

　　　　需求跟踪矩阵

　　　　在系统分解的每一个可应用的水平上指示需求与项目计划和工作产品之间的跟
　　　　踪能力的报告或数据库

　　间接产物示例

　　　　需求跟踪系统

　　　　需求跟踪能力复查的标准、核对清单和备忘录

　　　　需求跟踪日志

　　　　跨生命周期的需求跟踪能力的修订及维护

　　　　在生命周期中包括在复查项目计划和工作产品的分配需求列表

　　　　支持影响评估的需求映射

REQM SP 1.5-1　识别出项目计划工作产品和需求之间的不一致的地方。

　　直接产物示例

　　　　识别出包括源头、条件和理论依据等与需求不一致地方的文档

　　　　修正活动

　　间接产物示例

　　　　与项目计划、活动或工作产品一致的完整的核对清单、表格、日志、活动项目或者需求评审的备忘录

## 风险管理(RSKM) PA

RSKM SG 1　进行风险管理准备。

RSKM SP 1.1-1　确定风险来源和分类。

　　直接产物示例

　　　　风险源表(内在和外在的)

　　　　风险种类表

　　间接产物示例

　　　　风险分类或层次(如风险类别、要素和属性)

　　　　风险管理工具或数据库

RSKM SP 1.2-1　决定用来分析和为风险分类与控制风险管理人力的参数。

　　直接产物示例

　　　　风险评估、分类和优先准则

　　　　风险管理需求(控制和审批层次、重新评估间隔等)

　　间接产物示例

　　　　风险管理工具或数据库

　　　　已定义的风险评估、分类与优先顺序的序列和参数,例如风险可能性(概率)和后果(严重性)

　　　　已定义的极限(如控制点、范围边界条件、除外事物和触发器)和采取行动的标准

RSKM SP 1.3-1　建立和保持用于风险管理的战略。

　　直接产物示例

项目风险管理策略

风险管理计划

间接产物示例

与项目干系人一起对风险管理复查的证据(如签字批准、备忘录和活动项目)

用于监控风险状态识别出的量纲

风险管理规程和工具

降低风险技术的描述和应用(原型、模拟等)

RSKM SG 2　风险分析和鉴定,以确定其相对重要性。

RSKM SP 2.1-1　确定和文档化风险。

直接产物示例

包括背景、条件、发生后果的识别出的风险列表

识别出风险列表的修正

间接产物示例

结构化风险描述

风险评估结果或发生的证据

基于风险分类学的问卷访谈

RSKM SP 2.2-1　使用已定义的风险分类和参数对于每个识别出的风险评估和分类并决定其相对优先级。

直接产物示例

带有优先级的风险列表

已识别风险的类别和参数值

间接产物示例

风险和风险参数的项目复查或简报

带有原因和结果关系的统一的风险集

已识别风险的衍生量纲(如风险暴露程度)

RSKM SG 3　处理和化解风险并酌情减少不利实现目标的影响。

RSKM SP 3.1-1　按照风险管理策略中定义的那样为项目中最重要的风险设定风险减少计划。

直接产物示例

风险减少计划

应急计划

间接产物示例

　　　　　负责跟踪和标识风险的列表

　　　　　为每个风险订立的书面的控制选项

　　　　　已定义用来触发部署风险减少计划的风险级别和极限

　　　　　用于部署任务减少计划的管理储备预算分配

RSKM SP 3.2-1　　定期监测每个风险状态和酌情落实风险减少计划。

　　　直接产物示例

　　　　　最新的风险状态列表

　　　　　更新的风险可能性、结果和极限的评估

　　　　　实行的风险行动或应急计划

　　　间接产物示例

　　　　　风险管理状态复查的证据(定期和事件驱动)

　　　　　风险状况报告、分析、性能测量和趋势

　　　　　最新的风险处理办法列表

　　　　　最新的处理风险所采取行动列表

　　　　　风险减少计划

　　　　　新近发现的风险

　　　　　追查到关闭的风险控制行动

## 供方协定管理(SAM) PA

SAM SG 1　　建立与维护与供应商的合同。

SAM SP 1.1-1　　决定需要的每一样产品或产品组件的采购类型。

　　　直接产物示例

　　　　　用于所有产品和产品零件的采购类型列表

　　　间接产物示例

　　　　　进行/购买带有产品采购选项的分析与行业研究

　　　　　管理采购某一产品或者服务的权限

　　　　　识别要采购的产品或零件(比如非开发的物品)的系统结构/设计文档

SAM SP 1.2-1　　基于供应商满足特定需求的能力和已有规则选择供应商。

　　　直接产物示例

　　　　　选择供应商的原则

　　　　　评估原则

供应商评估结果

间接产物示例

资源选择决策

参与的供应商列表

首选供应商列表

各参与供应商的优点与缺点

请求材料与需求

分配到所采购产品的需求

采购文档(比如技术文档、SOW、接口、请求、提案等)

供应商调查

采购风险和最有价值供应商分析

SAM SP 1.3-1　建立并维护与供应商的正规合同。

直接产物示例

文档化的正式供应商合同,如果必要的话带有经批准修订版本

工作描述

契约

合同备忘录

合同许可

间接产物示例

经磋商的契约术语、条件与限制(比如交付的物品、需求、日程、预算、标准、设备与接受标准)

为评估供应商性能而定义的参数、标准和目标

如果必要的话,采购方影响评估和项目计划的修订

供应商的工作分解结构

与供应商合同定义或者修订相关事宜

SAM SG 2　与供应商的合同要同时满足项目和供应方。

SAM SP 2.1-1　复查参与方的商业现成组件是否满足供应商合同中特定的需求。

直接产物示例

商业现成组件产品的复查

根据选择标准对于所选商业现成组件进行标识

间接产物示例

行业研究

供应商性能报告

购买商业线程产品的协商后的许可与合同

分配给商业现成产品或者构件的需求

用来评估和选择商业现成产品的检查列表、标准、风险评估和行业研究

**SAM SP 2.2-1    按照供应商合同中约定的那样完成供应商活动。**

直接产物示例

供应商进展报告与性能衡量

供应商复查材料和报告

工作产品和交付的文档

间接产物示例

可以跟踪到结束的行为物品

提高供应商性能的审核、正确行为的请求和计划

供应商技术的支持证据和管理复查(议程、备忘录等)

**SAM SP 2.3-1    保证供应商合同在接受所需产品之前顺利满足。**

直接产物示例

可接受的测试结果

配置审核结果

确认功能表现、配置和与定义的需求及承诺的一致性

间接产物示例

可接受的测试程序

差异报告或者正确行为的计划

指示了在接受测试程序中所要产品需求覆盖率的可跟踪性报告

供应商合同终止

**SAM SP 2.4-1    将获得物品从供应商转化为项目。**

直接产物示例

转化计划

反应转化计划执行情况的报告

间接产物示例

训练报告

支持与维护报告

　　　描述了所要产品的控制、审核与维护的配置管理报告

　　　描述所需产品如何整合到项目中的报告

　　　供应商维护合同

## 技术解决方案(TS) PA

TS SG 1　从可选解决方案中选出的产品或者产品组件解决方案。

TS SP 1.1-1　开发可选的解决方案并建立选择标准。

　　　*直接产物示例*

　　　　　可选解决方案

　　　　　选择标准

　　　*间接产物示例*

　　　　　解决方案和技术(新的或历史遗留的)评估

　　　　　对于每个可选方案及其相关花费的需求分配

　　　　　设计问题

　　　　　标识可选解决方案、选择标准和设计问题的一个或一组过程

　　　　　商业现成产品的评估

TS SP 1.1-2　开发详细的可选解决方案和选择标准。

　　　*直接产物示例*

　　　　　能够保证可接受花销、进度、性能和质量的可选解决方案

　　　　　新技术的评估

　　　　　最终选择的选择标准，可能包括

　　　　　　　技术性能

　　　　　　　产品组件的复杂度

　　　　　　　产品扩展性和增长性

　　　　　　　对于构建方法和材料的敏感程度

　　　　　　　最终用户的能力和限制

　　　*间接产物示例*

　　　　　可选解决方案的复查备忘录

TS SP 1.2-2　演化操作概念、场景和环境来描述对于每个产品组件特定的条件、操作模式和操作状态。

　　　*直接产物示例*

整个相关生命周期过程中产品组件的操作概念、场景和环境(操作、支持、培训、生产、确认、部署)

间接产物示例

操作概念复查备忘录

产品组件交互时间线分析

每个产品组件的用例

用于描述每个组件的条件、操作模式和操作状态的标准和检查列表

变更请求

TS SP 1.3-1 选择最符合已建立标准的产品组件解决方案。

直接产物示例

产品组件选择决策和原则

需求和产品组件之间文档化的关系

使用已分配需求和已选产品组件的已选解决方案的文档

间接产物示例

选择复查备忘录

使用功能需求作为参数的选择最佳可选解决方案问题的决策

TS SG 2 开发产品或者产品组件的设计。

TS SP 2.1-1 开发产品或者产品组件的设计。

直接产物示例

产品架构

产品能力

产品划分

产品组件的标识

系统状态

主要组件间接口

外部产品接口

产品组件细节设计

完全的特性接口

间接产物示例

设计复查备忘录

结构化的元素

更新的跟踪矩阵

TS SP 2.2-1  建立和维护技术数据包。

直接产物示例

技术数据包

示意图

规格说明

设计描述

设计数据库

性能需求

质量保证供应

打包细节

用来帮助组织数据定义设计描述的不同视图

间接产物示例

技术数据包复查备忘录

TS SP 2:3-1  建立并维护产品组件接口的解决方案。

直接产物示例

接口设计

接口设计文档

修订历史与控制接口相关的变更描述

间接产物示例

产品内部和外部的接口需求

产品组件和产品相关生命周期的接口

接口控制和设计文档

设计小组使用的接口规格标准、模板和检查列表

TS SP 2.3-3  根据已建立并维护的标准设计产品组件接口。

直接产物示例

接口设计规格说明

来源

目的

软件的激励因素与数据特性

硬件的电气特性、机械特性和功能特性

接口控制文档

已选接口设计的基本原理

修订历史与控制接口相关的变更描述

间接产物示例

接口复查备忘录

产品内部和外部的接口需求

接口控制与设计文档

接口规格标准、模板和检查列表(参见研究的典型参数和特性的模型)

TS SP 2.4-3　根据已建立的标准评估哪些产品组件应该开发、购买和重用。

直接产物示例

设计和组件重用的标准

根据下列考虑的因素自行制造还是购买的分析

产品或服务提供的功能

可利用的项目资源或者能力

采购和内部开发的花销

战略商业联盟

可用产品的市场研究

可用产品的功能与质量

潜在供应商的能力

产品可用性

间接产物示例

选择商业现成组件的指导

供应商合同

重用组件库、指导和重用非开发性事物(NDI)的标准

自行制造还是购买分析和产品组件选择的评估标准、原理和报告

产品可用标准

产品操作、维护和支持的概念

TS SG 3　产品组件及相关支持文档的实现。

TS SP 3.1-1　实现产品组件的设计。

直接产物示例

执行设计

产品组件实现和支持数据(比如源代码、文档化的数据和服务、构成部分、不熟的生产过程、设备和材料)

间接产物示例

结构化组件的结对复查、审查和确认的结果

单元测试计划、程序、结果和验收标准

配置以及产品组件修订的变更控制数据

TS SP 3.2-1  开发并维护最终使用文档。

直接产物示例

最终用户训练材料

用户手册

操作手册

维护手册

安装手册

间接产物示例

与可用文档结对复查相关的产物

现场安装、训练和维护记录

## 确认(VAL) PA

VAL SG 1  执行确认准备。

VAL SP 1.1-1  选择要确认的产品和产品组件以及使用的确认方法。

直接产物示例

选出的用于确认的产品和产品组件的列表

对每个产品或产品组件的确认方法

间接产物示例

对每个产品或产品组件进行确认的需求

对每个产品或产品组件确认的约束

定义的评估标准

干系人对于确认方法的复查

确认计划和流程

VAL SP 1.2-2  建立并维护了支持确认的工作环境。

直接产物示例

　　　　确认环境
　　间接产物示例
　　　　包含已存在资源的重用的资源计划
　　　　确认环境的复查备忘录
VAL SP 1.3-3　　建立并维护了确认的流程和标准。
　　直接产物示例
　　　　确认流程
　　　　确认标准
　　间接产物示例
　　　　确认流程和标准的复查
　　　　对于维护、培训和支持的测试和评估流程
　　　　与确认流程和方法相对应的产品需求
VAL SG 2　　确认产品或产品组件来确保它们适用于预期的操作环境。
VAL SP 2.1-1　　在选择出来的产品或产品组件上进行确认。
　　直接产物示例
　　　　确认报告
　　　　确认结果
　　　　同步流程日志
　　间接产物示例
　　　　从确认流程中采集的数据
　　　　确认前后参照矩阵
　　　　操作示范
　　　　在确认流程执行过程中遇到的差异列表
VAL SP 2.2-1　　获取并分析确认行为结果并鉴定。
　　直接产物示例
　　　　确认缺乏报告
　　　　确认事物
　　　　分析报告
　　　　确认结果
　　间接产物示例
　　　　确认结果的复查备忘录

　　　　流程变更请求

　　　　确认评估标准

　　　　真实结果和期望值的比较(例如测量数据和运行数据)

## 验证(VER) PA

**VER SG 1**　准备验证。

**VER SP 1.1-1**　选择要进行验证的工作产品和需要使用的验证方法。

　　　直接产物示例

　　　　　选中的进行验证的工作产品列表

　　　　　对于每一个工作产品的验证方法

　　　间接产物示例

　　　　　结对复查核划

　　　　　含有可跟踪工作产品的需求验证矩阵

　　　　　交叉引用验证矩阵

　　　　　验证计划

　　　　　重新验证方法(例如回归测试)

**VER SP 1.2-2**　建立和维护支持验证的环境。

　　　直接产物示例

　　　　　验证环境

　　　间接产物示例

　　　　　验证环境所必备的条件

　　　　　验证支持设备和工具的定义

　　　　　验证环境组件的采购计划(如 COTS、已有资产的重利用和定制开发工具)

　　　　　验证环境组件跟踪可用性的计划和报告

**VER SP 1.3-3**　建立和维护已选工作产品的验证过程和准则。

　　　直接产物示例

　　　　　验证过程

　　　　　验证标准

　　　间接产物示例

　　　　　预期结果和容差范围

　　　　　设备和环境组件

VER SG 2　对选中工作产品执行结对复查。

VER SP 2.1-1　为选中工作产品准备结对复查。

　　直接产物示例

　　　　结对复查数据包

　　　　结对复查进度

　　　　需要进行结对复查的工作产品

　　　　结对复查核划，流程和进度

　　间接产物示例

　　　　结对复查检查列表

　　　　工作产品进入和退出的标准

　　　　需要另外进行结对复查的标准

　　　　结对复查培训材料

　　　　结对复查方法的描述，例如检查、走查等

　　　　结对复查的准备方法

VER SP 2.2-1　对选定的工作产品实施结对复查并确定结对复查得出的问题。

　　直接产物示例

　　　　结对复查结果

　　　　结对复查的发现的问题

　　　　结对复查数据

　　　　识别的缺陷

　　　　总结结对复查过程和结果的数据

　　间接产物示例

　　　　表示结对复查和再评审的进度

　　　　修正活动的活动事项

　　　　结对复查数据仓库

　　　　完整的结对复查检查列表

VER SP 2.3-2　分析有关结对复查的准备、执行和结果的数据。

　　直接产物示例

　　　　结对复查数据

　　　　　　反映评审流程（准备、执行和结果）的记录数据

　　　　　　文档化结对复查分析报告

间接产物示例

　　结对复查的活动事项

　　结对复查的数据知识库

　　在结对复查期间获得的活动事项列表

VER SG 3　根据特定需求验证选定的工作产品。

VER SP 3.1-1　对选定的工作产品执行验证。

直接产物示例

　　验证结果

　　　　测试结果

　　　　结对复查结果

　　验证报告

　　运行规程记录

间接产物示例

　　演示

　　识别出的活动条款

VER SP 3.2-2　分析验证结果并确定修正活动。

直接产物示例

　　分析报告(例如性能统计数据、不一致项原因分析、真实产品和模型之间的行为差异对比以及趋势)

　　对验证方法、准则和/或环境的修正活动

　　已验证产品的修正活动

间接产物示例

　　问题报告

　　对验证方法、标准和环境的变更请求

## 能力等级 2

GG 2　过程被制定为可管理的过程。

GP 2.1　建立和维护一个关于计划和执行过程的组织策略。

直接产物示例

　　组织策略

间接产物示例

策略知识库

GP 2.2 建立和维护关于执行过程的计划。

直接产物示例

项目计划(确定对应于过程域具体计划的位置)

间接产物示例

计划的批准

计划的结对复查

GP 2.3 提供足够的资源用于执行过程,开发工作产品,为过程提供服务。

直接产物示例

预算

进度表

人员

设备

间接产物示例

实际的预算、员工、设备

GP 2.4 为执行过程,开发产品和为过程提供服务分配职责以及授权。

直接产物示例

组织图

规章

职责、权限、顾问、通知矩阵

间接产物示例

实际人力安排

工作产品的批准

GP 2.5 给需要执行或支持过程的人士培训。

直接产物示例

培训记录

间接产物示例

针对角色的培训模型

GP 2.6 为过程指派的不同工作产品安排合适的配置管理级别。

直接产物示例

配置管理下的工作产品

间接产物示例

发布文档

CCB 备忘录

GP 2.7 按计划识别干系人并使之参与。

直接产物示例

干系人会议备忘录

技术交流会议备忘录

干系人角色展示矩阵

间接产物示例

文档的署名

指定给干系人的活动项

GP 2.8 参照计划监测和控制过程执行以及采取合适的修正活动。

直接产物示例

每周状态会议备忘录

测量分析会议备忘录

间接产物示例

来自每周状态会议的活动项

来自测量分析会议的活动项

报告检测和控制活动的管理审查备忘录

GP 2.9 根据过程描述、标准、规程客观评价过程并表示出不一致。

直接产物示例

审核报告

客观复查会议备忘录

冲突报告

间接产物示例

审核检查单

客观审查材料

报告审核结果的管理审查备忘录

不一致状态报告

GP 2.10 使用高级的管理和解决的问题复查活动、状态和过程结果。

直接产物示例

　　　　高级管理复查材料

　　　　来自高级管理复查材料的活动项

　　间接产物示例

　　　　高级管理复查会议备忘录

　　　　来自高级管理复查的活动项状态

## 能力等级 3

GG 3　过程被制定为已定义的过程。

GP 3.1　建立并维护已定义过程的描述。

　　直接产物示例

　　　　裁剪的工作产品

　　间接产物示例

　　　　对于裁剪的批准

GP 3.2　收集来自计划和完成过程所得到的工作产品、测量数据、测量结果和改进信息,用以支持日后使用以及对于组织过程和过程资产的改进。

　　直接产物示例

　　　　收集自组织测量库的测量数据

　　　　过程资产库中的经验总结

　　　　过程资产库中的工作产品

　　　　过程资产库中的测量分析结果

　　间接产物示例

　　　　过程资产库矩阵与记录

　　　　测量库的组织报告

# 读者调查表

感谢对我们的支持！非常欢迎留下您的宝贵意见，帮助我们改进出版和服务工作。我们将从信息意见完备的读者中抽取一部分赠阅一本我们的样书（赠书定价限 50 以内，品种我们会与获赠读者沟通）。

姓名：＿＿＿＿＿＿　单位：＿＿＿＿＿＿＿＿＿＿＿＿＿＿＿　职务／职称：＿＿＿＿＿＿

邮寄地址：＿＿＿＿＿＿＿＿＿＿＿＿＿＿＿＿＿＿＿＿＿＿＿　邮编：＿＿＿＿＿＿＿

电话：＿＿＿＿＿＿　手机：＿＿＿＿＿＿　E-mail：＿＿＿＿＿＿＿　专业方向：＿＿＿＿＿＿

| 您购买的出版物名称 | | | | | |
|---|---|---|---|---|---|
| 先进性和实用性 | □很好 | □好 | □一般 | □不太好 | □差 |
| 图书文字可读性 | □很好 | □好 | □一般 | □不太好 | □差 |
| （光盘使用方便性） | □很好 | □好 | □一般 | □不太好 | □差 |
| 图书篇幅适宜度 | □很合适 | □合适 | □一般 | □不合适 | □差 |
| 出版物中差错 | □极少 | □较少 | □一般 | □较多 | □太多 |
| 封面（盘面及包装）设计水平 | □很好 | □好 | □一般 | □不太好 | □差 |
| 图书（包括光盘）印装质量 | □很好 | □好 | □一般 | □不太好 | □差 |
| 纸张质量（光盘材质） | □很好 | □好 | □一般 | □不太好 | □差 |
| 定价 | □很便宜 | □便宜 | □合理 | □贵 | □太贵 |
| 您从何处获取出版物信息 | □书目 □电子社宣传材料 □书店 □他人转告 □网站 □报刊 | | | | |
| 您的具体意见或建议 | | | | | |

您或周围人士有何著述计划＿＿＿＿＿＿＿＿＿＿＿＿＿＿＿＿＿＿＿＿＿＿＿＿＿

您希望我处增添何种类型的图书＿＿＿＿＿＿＿＿＿＿＿＿＿＿＿＿＿＿＿＿＿＿

电子工业出版社高等教育分社
联系人：冯小贝　E-mail：fengxiaobei@phei.com.cn，te_service@phei.com.cn
地址：北京市万寿路 173 信箱 1102 室　邮编：100036　电话：010-88254555
传真：010-88254560

# 反侵权盗版声明

电子工业出版社依法对本作品享有专有出版权。任何未经权利人书面许可，复制、销售或通过信息网络传播本作品的行为；歪曲、篡改、剽窃本作品的行为，均违反《中华人民共和国著作权法》，其行为人应承担相应的民事责任和行政责任，构成犯罪的，将被依法追究刑事责任。

为了维护市场秩序，保护权利人的合法权益，我社将依法查处和打击侵权盗版的单位和个人。欢迎社会各界人士积极举报侵权盗版行为，本社将奖励举报有功人员，并保证举报人的信息不被泄露。

举报电话：（010）88254396；（010）88258888

传　　真：（010）88254397

E-mail：　dbqq@phei.com.cn

通信地址：北京市万寿路 173 信箱

　　　　　电子工业出版社总编办公室

邮　　编：100036